国家自然科学基金项目（41402140）
贵州省科技重大专项（黔科合重大专项字[2014]6002号）　　研究成果

博士论丛

黔西煤层群区
煤层气开发工艺技术评价

Development technology evaluation of
coalbed methane for multi-coal seam zones in western Guizhou

徐宏杰　桑树勋　杨景芬　易同生　刘会虎　著

中国科学技术大学出版社

内 容 简 介

本书以煤层群发育的典型地区贵州省西部六盘水煤田和织纳煤田煤系地层为研究对象，在煤储层地质背景、煤储层开发地质特征和开发探索试验研究的基础上，阐明了煤层群区多煤层赋存、地应力与煤体结构、煤层弱含水性等典型开发地质特征及其对煤层气开发工艺技术的影响与制约作用，揭示了煤层气开发工艺技术与开发模式的地质适配性，建立了煤层气开发技术模式与典型开发地质条件的适配关系；结合多类煤层气开发工程试验，探讨了煤层气开发工艺技术的地质适配效果，合理优化了多煤层条件下的煤层气开发工艺与技术，建立了煤层群区煤层气开发工艺和技术体系；最后，针对煤系地层煤层气、页岩气和致密砂岩气储层叠置共储特征，进一步介绍了煤系地层煤层气储层物性特征、开发潜力与共采工艺技术。本书以黔西煤层群发育区为实例进行研究，希望能对煤层群区煤层气开发地质与工艺技术研究有所贡献。

本书可为黔西地区煤层气研究及勘探开发提供参考，对从事煤层气地质工作的科研人员也具有参考价值。

图书在版编目(CIP)数据

黔西煤层群区煤层气开发工艺技术评价/徐宏杰，桑树勋，杨景芬等著. —合肥：中国科学技术大学出版社，2021.1

ISBN 978-7-312-04963-7

Ⅰ.黔… Ⅱ.① 徐…② 桑…③ 杨… Ⅲ.煤层—地下气化煤气—资源开发—评价—贵州 Ⅳ.P618.11

中国版本图书馆 CIP 数据核字(2020)第 090093 号

黔西煤层群区煤层气开发工艺技术评价
QIAN XI MEICENG QUNQU MEICENGQI KAIFA GONGYI JISHU PINGJIA

出版　中国科学技术大学出版社
　　　安徽省合肥市金寨路 96 号，230026
　　　http://press.ustc.edu.cn
　　　http://zgkxjsdxcbs.tmall.com
印刷　合肥华苑印刷包装有限公司
发行　中国科学技术大学出版社
经销　全国新华书店
开本　710 mm×1000 mm　1/16
印张　11.75
字数　257 千
版次　2021 年 1 月第 1 版
印次　2021 年 1 月第 1 次印刷
定价　60.00 元

前　言

　　开发利用煤层气资源具有优化能源产业结构、保护大气环境和改善煤矿安全生产条件等多重意义。我国煤层气商业化生产始于 2003 年。十余年来，我国煤层气产业取得了长足发展，尤以在山西沁水盆地、鄂尔多斯盆地东缘、辽宁阜新盆地最为成功。2017 年我国煤层气产量为 1.78×10^{10} m³，但贵州省作为我国南方煤层气资源最为丰富的省份，虽然对煤层气的基础研究和地面勘探试验起步较早，但开发进程相对滞后，至今未能形成商业化开采的局面。贵州省素有"西南煤海"之称，煤炭资源丰富，煤层中蕴藏着大量可供开发利用的煤层气资源。贵州省煤田地质局资料显示，贵州省埋深 2 000 m 以浅的煤层气资源量达 3.15×10^{12} m³，仅次于山西省，居全国第二。近几年，经过贵州本省与省外科研院所、勘查设计单位、高等院校及相关企业的共同不懈努力，贵州省煤层气开发已见成效，相继在六盘水、毕节等多个地区取得煤层气工业气流开发的重大突破，提振了煤层气企业勘探开发的信心，并引起国内学者的极大关注。

　　本书主要以黔西地区六盘水煤田和织纳煤田煤系地层为研究对象，综合运用煤层气地质学、煤地质学、储层地质学、矿物岩石学、地球化学、开发工程学等多学科基础理论和方法，对其煤层气开发地质特征、工程技术与地质条件适配性关系、开发工艺技术的选择匹配和优化等进行了深入研究，提出了与不同开发地质特征匹配的煤层气开发工艺技术体系，以期为贵州省西部煤层群区煤层气开发提供依据，也可供我国其他类似多煤层发育区的煤层气开发借鉴。

　　全书共分为 6 章：第 1 章为绪论，综述了黔西地区煤层气勘探开发工作的历程和研究现状，介绍了煤层气开发工艺技术评价的研究内容，为读者更好地理解后续章节做了铺垫。第 2 章从地层特征、构造特征及演化、水文地质特征、岩浆活动等方面阐述了黔西地区煤层气地质背景与基本地质特征，为煤层气开发地质特征、工艺技术的地质适配性、开发工程技术优化的研究和论述奠定了基础。第 3 章突出了煤层群发育区煤层气开发地质特征的特殊性，着重介绍了煤层群发育特征、煤岩层组合特征、煤储层渗透性变化及现今地应力场特征，为黔西地区煤层气开发工艺技术的地质适配性评价提供了依据。第 4 章重点论述了煤层群区关键开发地质特征对煤层气开发工艺技术的制约，并分析了煤层气开发工艺技术、开发模式的地质适配性。第 5 章分别以煤层气直井开发、水平井开发和卸压煤层气开发试验工程为例，介绍了典型煤层气开发井工艺技术,分析了其地质适配性。第6章探讨了典型煤层气开发井工艺技术的地质选择,对关键工艺进行了优化,并论述了煤系气储层组合与物性特征和煤系气共采工艺技术。

本书内容丰富、论述有序,期望所呈现的成果能丰富煤层气开发地质学相关理论,对推进贵州省煤层气的勘探开发进程起到积极作用。本书可供从事煤层气相关地质研究的工作者参考使用,也适合从事资源勘查、矿产普查与勘探等方面的科研、教学人员使用。

本书的编写得到了贵州省煤田地质局易同生总工程师、赵霞教授级高工及各级领导、同仁的悉心指导和大力支持;中国矿业大学资源与地球科学学院黄华州副教授、刘世奇副教授、王冉副教授、周效志副教授等为本书的编写提供了建设性的意见,2008~2012级部分硕士研究生参加了有关实验测试与现场工程跟踪工作;安徽理工大学硕士研究生方泽中进行了部分资料整理、插图清绘、文献检索工作。安徽理工大学地球与环境学院各位同事对本书的完成给予了无私关怀,地球与环境学院对本书的顺利出版给予了支持。本书的出版得到了国家自然科学基金项目(41402140)、贵州省科技重大专项(黔科合重大专项字〔2014〕6002号)、安徽省高校优秀拔尖人才培育项目(gxgwfx2019012)、安徽省重点研究和开发计划(1804a0802203)的资助。

在此,笔者向上述单位、个人表示衷心的感谢。同时,还要感谢书中引用文献作者的支持和帮助。

由于作者水平有限,书中难免存在不足和错误之处,恳请读者批评指正。

作　者

2020年4月

目　　录

前言 ……………………………………………………………………………（ⅰ）

第1章　绪论 ……………………………………………………………………（1）
　1.1　研究意义 …………………………………………………………………（1）
　1.2　黔西煤层气开发研究现状 ………………………………………………（2）
　　1.2.1　贵州省煤层气资源分布 ……………………………………………（2）
　　1.2.2　贵州省煤层气勘探开发历程 ………………………………………（3）
　1.3　研究内容 …………………………………………………………………（4）
　　1.3.1　煤层气开发地质条件 ………………………………………………（4）
　　1.3.2　煤层气开发工艺技术的地质适配性 ………………………………（4）
　　1.3.3　煤层气开发工艺技术评价与优化 …………………………………（5）

第2章　黔西煤层气地质背景 …………………………………………………（6）
　2.1　区域地层与含煤地层 ……………………………………………………（6）
　　2.1.1　区域地层 ……………………………………………………………（6）
　　2.1.2　含煤地层 ……………………………………………………………（6）
　2.2　区域构造 …………………………………………………………………（7）
　2.3　水文地质条件 ……………………………………………………………（7）
　2.4　岩浆活动 …………………………………………………………………（8）

第3章　煤层气开发地质特征 …………………………………………………（9）
　3.1　煤层赋存与储层物质基础 ………………………………………………（9）
　　3.1.1　煤层群发育特征 ……………………………………………………（9）
　　3.1.2　煤岩煤质特征 ………………………………………………………（17）
　　3.1.3　煤的变质程度 ………………………………………………………（21）
　3.2　煤储层含气性特征 ………………………………………………………（21）
　　3.2.1　煤储层含气量 ………………………………………………………（21）
　　3.2.2　煤层气成分 …………………………………………………………（27）
　3.3　煤储层物性特征 …………………………………………………………（29）
　　3.3.1　煤储层孔隙结构特征 ………………………………………………（29）
　　3.3.2　煤储层裂隙发育特征 ………………………………………………（33）

3.3.3　煤储层压力特征 ……………………………………………（36）

3.3.4　煤储层的渗透性变化特征 …………………………………（38）

3.4　现代地应力特征 …………………………………………………（40）

3.4.1　现今地应力场分布规律 ……………………………………（41）

3.4.2　地应力对渗透性的控制 ……………………………………（47）

第4章　煤层气开发工艺技术的地质适配性 …………………………（54）

4.1　煤层气开发工程基础 ……………………………………………（54）

4.2　开发工艺技术的地质制约 ………………………………………（55）

4.2.1　煤层群发育特征对开发工艺的影响 ………………………（56）

4.2.2　煤体结构与井壁稳定 ………………………………………（60）

4.2.3　弱含水煤层赋水特征与排采控制 …………………………（64）

4.3　开发工艺技术的地质适配性 ……………………………………（67）

4.3.1　钻井工艺的地质适配性 ……………………………………（67）

4.3.2　完井方式的地质适配性 ……………………………………（68）

4.3.3　压裂增产技术的地质适配性 ………………………………（69）

4.3.4　注能驱替开采技术的地质适配性 …………………………（73）

4.4　煤层气开发模式的地质适配性 …………………………………（76）

4.4.1　地质参数的环境配置与协同制约 …………………………（76）

4.4.2　开发模式的地质适配性 ……………………………………（77）

第5章　煤层气开发实践探索与地质适配性评价 ……………………（82）

5.1　直井开发试验与工程启示 ………………………………………（82）

5.1.1　试验区地质描述 ……………………………………………（82）

5.1.2　开发工程方案 ………………………………………………（85）

5.1.3　开发工程效果及其工程启示 ………………………………（86）

5.2　水平井开发试验与工程启示 ……………………………………（91）

5.2.1　试验区地质描述 ……………………………………………（91）

5.2.2　开发工程方案 ………………………………………………（92）

5.2.3　地质适配性分析与工程启示 ………………………………（94）

5.3　卸压煤层气开发试验与工程启示 ………………………………（95）

5.3.1　试验矿井生产与地质概况 …………………………………（95）

5.3.2　开发工程方案 ………………………………………………（96）

5.3.3　地质适配性分析 ……………………………………………（98）

第6章　适配性工程技术与工艺优化 …………………………………（100）

6.1　常规井型的地质选择 ……………………………………………（100）

6.1.1　井型选择的影响因素 ………………………………………（100）

6.1.2　井型梯级筛选风险评价体系构建 ……………………………………（101）

6.1.3　开发井型区域调整结果 ………………………………………………（103）

6.2　直井开发技术与关键工艺 ………………………………………………（105）

6.2.1　煤层气直井开发技术 …………………………………………………（106）

6.2.2　煤层气直井开发关键工艺 ……………………………………………（108）

6.3　水平井开发技术与关键工艺 ……………………………………………（115）

6.3.1　煤层气水平井开发技术 ………………………………………………（115）

6.3.2　煤层气水平井开发关键工艺 …………………………………………（117）

6.4　卸压煤层气直井开发技术与关键工艺 …………………………………（123）

6.4.1　卸压煤层气地面井开发技术地质选择 ………………………………（123）

6.4.2　卸压煤层气开发技术 …………………………………………………（131）

6.4.3　井孔高危位置识别与预防 ……………………………………………（136）

6.5　煤系气共采工艺技术 ……………………………………………………（143）

6.5.1　林华井田地质概况 ……………………………………………………（144）

6.5.2　煤系气储层特征 ………………………………………………………（146）

6.5.3　煤系气共采工艺技术 …………………………………………………（162）

参考文献 ………………………………………………………………………（170）

第1章 绪 论

1.1 研究意义

我国许多地区的含煤地层中普遍发育煤层群,如东北铁法盆地上侏罗统阜新组,西北准格尔、吐哈盆地早侏罗纪八道湾组、西山窑组地层,西南地区的上二叠统龙潭组地层等。近年来,煤层群条件下的煤层气成藏作用研究不断得到深化,提出了一些极具意义的学术观点[1-3]。如何将丰富的资源优势转为可被工业利用,不仅需要对煤层气基础地质条件和富集成藏机理进行深入研究,更重要的是采用何种方式将煤层气资源"取出"。煤层气开发工艺技术即是将煤层气资源"取出"的关键,但是开发技术的选用应与煤层气地质条件相匹配,不同开发技术在不同的地质适应条件下具有明显的选择性。例如,美国是煤层气开发最为成功的国家,由于其煤盆地构造简单和煤层渗透率高等特点[4-6],各种类型的气井产能普遍较高,且经济效益显著,但我国煤盆地地质条件和水文地质条件复杂,煤层渗透率低,采用美国的煤层气开发方式并不能完全成功,且在国内不同地区,采用同一种开发技术的应用效果也有显著差别。

贵州省西部含煤地层以煤层群为典型地质特点的煤层气开发理论技术体系具有特殊性,不同区域煤层气地质条件和煤储层物性的显著不同,影响和制约了煤层气开发工艺技术在不同地质条件的适配性和选择性。其中,六盘水煤田和织纳煤田上二叠统赋存的含煤地层厚度大、煤层气资源丰富,是薄—中厚煤层群发育的典型地区。因而,明确开发工艺技术特性、基础地质条件特点、各种工艺技术在不同地质条件下有着怎样的地质适配性、不同地质条件下哪些工艺技术最为有效等基础理论成为进行煤层气开发之前迫切需要解决的问题。因此,对特定煤层气地质条件的基础研究、现行开发技术与之是否匹配,成为煤层气开发需要重点考虑的内容。有必要重新审视目前国内已得到广泛推广的煤层气开发技术模式,抛弃对传统的煤层气开发技术的简单借鉴与移植,对煤层气地质条件特点与开发工艺技术特点开展综合研究,深入探讨不同开发工艺技术在不同条件下的地质适配性,甚至依据煤层气地质条件对开发技术进行创新。这对诊断目前勘探开发过程中存在的问题、有效指导今后的煤层气勘探开发具有重要意义。为此,本书以贵州省西部六盘水煤田和织纳煤田这一煤层群典型发育地区为研究对象,主要从煤层群条件下的煤层气开发地质条件入手,创新性地丰富煤层气开发地质理论,丰富并完善开发工程技术体系,为多煤层发育条件下的煤层气资源地面有效开发提供理论和工程依据。

1.2 黔西煤层气开发研究现状

1.2.1 贵州省煤层气资源分布

根据《贵州省煤层气资源评价》(1996 年),全省 2 000 m 以浅煤层气资源总量为 3.15 $\times 10^{12}$ m^3,其中甲烷平均含量大于 8 m^3/t 的为 2.92×10^{12} m^3;全省垂深 1 500 m 以浅的煤层气资源总量为 2.33×10^{12} m^3,其中甲烷平均含量大于 8 m^3/t 的为 2.11×10^{12} m^3。煤层气资源主要分布在六盘水、毕节、遵义和黔西南的较完整含煤向斜构造,其中以六盘水煤田、织纳煤田和黔北煤田煤层气资源量最大,贵阳煤田、黔西北煤田和兴义煤田次之(表 1-1)。

表 1-1 贵州省各煤田煤层气资源量统计

序　号	煤　田	资源量 (×10^{12} m^3)	序　号	煤　田	资源量 (×10^{12} m^3)
1	六盘水	1.42	4	贵阳	0.12
2	织纳	0.76	5	兴义	0.09
3	黔北	0.74	6	黔西	0.012

根据国土资源部 2006 年进行的全国煤层气资源评价结果,贵州西部和北部地区煤层气地质资源量为 2.23×10^{12} m^3,占整个中国南方煤层气地质资源总量的 49.94%;可采资源量为 0.86×10^{12} m^3,平均可采率为 38.44%,其中,六盘水含气带煤层气地质资源量为 1.71×10^{12} m^3,可采资源量为 0.73×10^{12} m^3;黔北含气带煤层气地质资源量为 0.52 $\times10^{12}$ m^3,可采资源量为 0.13×10^{12} m^3。

2011 年,由贵州煤田地质局和中国矿业大学组织实施并提交的《贵州省煤层气资源潜力预测与评价》认为贵州省上二叠统可采煤层的煤层气推测资源量为 3.06×10^{12} m^3,推测可采地质资源量为 1.38×10^{12} m^3,煤层气地质资源平均丰度为 1.12×10^8 m^3/km^2,略高于全国平均水平;可采资源占地质资源总量的 45.31%。六盘水煤田、黔北煤田和织纳煤田的煤层气资源量共为 2.83×10^{12} m^3,占全省煤层气地质资源总量的 92.57%。

1.2.2 贵州省煤层气勘探开发历程

贵州省煤层气勘探开发历程可以归为 4 个发展阶段。

1. 煤层气勘探开发早期理论探索阶段（1982～1997年）

1982～1997年为贵州省煤层气勘探开发早期理论探索阶段。20世纪80年代初，贵州省煤层气的研究工作首先由原地质矿产部西南石油地质局开展，工作范围主要集中在黔西地区。依据国家科技攻关项目，先后完成了《贵州上二叠统煤层气研究》《黔西地区煤层甲烷资源远景评价》《贵州西部地区煤层甲烷资源初步选区评价》《贵州西部浅层天然气（含煤层气）地质综合研究》等研究工作，部分地区还开展了地震、化探及钻井工作[7]。1989年，西南地质局05项目工程处分析了盘县地区上二叠统煤层气地质条件，随后进行了钻井试采，但因成本高，没有经济利益而停止。1996年，贵州省煤田地质局完成了《贵州省煤层气资源评价》，成为贵州省煤层气真正被外界认知的标志性事件，也为后来贵州省的煤层气工作奠定了基础。

2. 煤层气资源评价与勘探开发试采阶段（1998～2004年）

自1998年以来，贵州省煤田地质局、原滇黔桂石油指挥部、西安煤炭研究院、国土资源部和中国矿业大学先后对贵州省煤层气资源进行了评价工作，并优选了含煤层气盆地和靶区，为后期煤层气开发提供了依据。2000年，星海石油公司联合加拿大石油公司对盘县煤层气开展进一步的勘探和排采试验，但没有取得明显进展。1998～2002年，滇黔桂石油指挥部实施了"九五"国家重点工业性试验项目"六盘水层气开发利用示范工程"，先后在亮山、金竹坪区块部署了5口煤层气勘探参数井，并对其中4口井（黔红1井、黔红2井、贵煤1井、贵煤2井）中的4个煤层进行了加砂压裂试采，但抽采效果不佳。抽采时间95～200天不等，产液量最低67.86 m³，最高5 234.41 m³；单井累计产气量663.60～15 563.17 m³，日产量最高350.65 m³，低于工业气流下限标准[8,9]。

3. 煤层气风险勘探与开发试验阶段（2005～2009年）

2005年，中联煤层气有限公司与贵州省煤田地质局、亚加能源有限公司等中外企业合作，启动了贵州省保田—青山煤层气项目。次年底完成了65 km二维地震勘探、6口小井眼煤层气参数井的施工，这标志着贵州省煤层气勘探开发热潮的到来。随后，贵州省煤田地质局组建煤层气钻井工程公司，将煤层气勘查施工列入潜在支柱产业，在推进保田—青山项目的勘查、资源地质评价研究等工作中取得了一些成果。2007～2009年，贵州省煤矿设计院为盘江煤电（集团）公司、盘南煤炭公司、玉舍煤业公司、中岭矿业公司、安顺煤矿、五轮山煤业公司共设计了6口地面瓦斯抽采钻孔，但仅在老屋基煤矿与中岭煤矿进行了施工，且效果较差。

4. 煤层气勘探开发工程模式探索阶段（2009年至今）

本阶段共试验了煤层气压裂直井、水平井、"U"形井、丛式井等多种煤层气开发井型模式。

2009～2014年，中石化华东分公司在织金区块共陆续完成24口煤层气压裂直井的施工，单井最大日产量达5 000 m³，取得了商业性突破；2010年，由格瑞克公司与胜利油田钻井工程技术公司在盘关向斜合作施工了连通水平井GGZ-005L1与GGZ-005V1，并成功实现双井对接，共钻穿主力煤层380.34 m。同年，山东能源新矿集团贵州能源公司龙场煤矿和香港中华煤气易高公司合作,对贵州松软、低渗透煤层进行开采前瓦斯预抽采试验。

2012~2014 年,盘江投资控股集团在土城向斜松河煤矿布置了煤层气地面丛式井抽采井组,尝试分段小层压裂、合层排采技术[10],开启了本省煤层气勘探开发模式的新探索。这次勘探施工了 1 口参数井和 9 口开发试验井,产气量约 9 000 m³/d。2014~2015年,西南能矿集团在遵义鸭溪向斜进行煤层气勘查,并施工煤层气参数井枫 1 井和枫 2井;六枝特区完成煤层气参数井——牛 1 井的施工及比德向斜 2 口煤层气参数井的施工;随后在六盘水、毕节、遵义地区部署了更多的煤层气井和煤系气勘探开发试验井,煤层气(煤系气)勘探工作有序开展。至此,贵州省煤层气勘探开发进入了煤层气开发工程模式的探索阶段。随着页岩气勘探开发的兴起,黔西多煤层地区的煤层气开发和煤系气合采理论与技术也得到了不断发展[11-16]。

1.3 研究内容

本书针对黔西煤层气开发特点,从煤层气开发地质条件入手,开展煤层气开发工艺技术的地质适配性、煤层气开发技术与工艺评价与优化等方面的研究,主要内容如下。

1.3.1 煤层气开发地质条件

煤层气开发地质条件是煤层气地质研究的基本内容。煤岩煤质、煤的变质程度、煤的含气性、煤的储层物性影响了煤层气开发工艺技术的选择性,而这些因素在不同地质环境下的协同作用受沉积环境、地应力等环境地质条件的控制。因此,从分析煤层气开发地质条件入手,系统开展研究区煤层群发育特征、煤储层物性特征、煤层物性特征、现代地应力场特征等研究,揭示研究区煤层群发育条件下的煤储层开发地质条件的特殊性,为研究区煤层气高效开发提供地质保障。

1.3.2 煤层气开发工艺技术的地质适配性

地质条件的复杂性决定了煤层气开发工艺技术的多样性,煤层气开发地质条件与工艺技术需要进一步匹配衔接,地质条件的变化及区域配置需要明确与之适配的煤层气开发工艺技术。因此本书基于煤层气开发工程基础,分析煤层气开发工艺技术的工程原理,揭示其适配地质条件及其地质制约条件,有效衔接地质条件与工程技术,从而指导不同地质条件下的煤层气开发工艺技术的选择。

1.3.3 煤层气开发工艺技术评价与优化

基于特定地质条件下的煤层气开发工程实践,系统开展了不同类型煤层气开发工程及其地质条件的适配性评价,优化了研究区不同地质条件下的煤层气适配开发工艺和技术,为研究区煤层气开发技术选择和开发工艺优化提供了地质和工程依据。

第 2 章　黔西煤层气地质背景

2.1　区域地层与含煤地层

2.1.1　区域地层

六盘水煤田出露的最老地层为志留系中统马龙群,最新地层为第四系,其中缺失上志留统、下泥盆统、上侏罗统及白垩系,上二叠统峨眉山玄武岩组在区内普遍分布。织纳煤田出露地层有上震旦统、寒武系、下奥陶统、中上泥盆统、石炭系、二叠系、三叠系、下中侏罗统、上白垩统、古近系及第四系。缺失中上奥陶统、志留系、下泥盆统、上侏罗统、下白垩统及上第三系地层。

2.1.2　含煤地层

贵州含煤地层自下而上有下寒武统牛蹄塘组、下石炭统祥摆组、中二叠统梁山组、上二叠统、上三叠统、新近系翁哨组和第四系。下寒武统牛蹄塘组夹有层状石煤,下石炭统祥摆组局部含有薄煤层,少数地段达可采厚度,中二叠统梁山组局部含有薄煤或煤线,上二叠统含有多层可采煤层,上三叠统局部含煤线或薄煤,新近系有褐煤,第四系有泥炭堆积。其中上二叠统是贵州省最主要的含煤地层,所含长兴组(汪家寨组)和龙潭组(吴家坪组)主要可采煤层,也是煤层气开发主要目的层位。

六盘水煤田和织纳煤田含煤地层厚度变化较大,一般为 76～543 m,发育煤层 9～83层,煤层总厚 13.1～46.9 m。其中,可采煤层 1～26 层,可采总厚 3.0～24.9 m。含煤地层埋深一般小于 2 000 m,多在 1 500 m 以浅。区域内上二叠统主要为海陆交互相碎屑岩夹碳酸盐岩含煤沉积,自下而上可分为峨眉山玄武岩组、龙潭组、长兴大隆组或(长兴组),与上覆三叠系飞仙关(夜郎、大冶)组、下伏峨眉山玄武岩组或茅口组均呈假整合接触。

2.2　区　域　构　造

在区域构造上,研究区主体位于上扬子板块扬子陆块南部被动边缘褶冲带下的四级构造单元——织金宽缓褶皱区及六盘水复杂变形区。晚二叠世沉积期,所反映出的断裂主要有纳雍—瓮安断裂、师宗—贵阳断裂、水城—紫云断裂、望谟—独山断裂、盘县—水城断裂和遵义—惠水断裂6个断裂带。后期先后历经了印支、燕山和喜马拉雅3次褶皱运动,其中以燕山运动影响最为强烈,使区内不同地区产生了不同方向和形态的构造形迹组合,控制了含煤地层的保存程度和赋存状态。

六盘水煤田属于扬子陆块黔南拗陷六盘水断陷中北部,煤田构造以隔档式褶皱为主,按其展布方向及形态特征,可分为3组:NW向褶皱,分布于煤田北东部;NE向褶皱,分布于盘县—晴隆一线以南地区;短轴式褶皱,位于煤田中部地区。走向正断层较发育,常沿背斜轴或翼部分布。织纳煤田发育于扬子陆块黔北隆起黔北断拱的西南部,相当于现代的黔中隆起的西段。区内以短轴式褶皱为主,走向主要为NE向,西缘有少量NW向隔档式褶皱发育,东缘发育NS向隔槽式褶皱(站街向斜)。断裂发育,北部发育EW向的马场断层和纳雍断层,纳雍断裂以南地区NE向走滑断层较发育。

2.3　水文地质条件

该区含煤地层以孔隙充水、裂隙充水、顶板岩溶充水为主,地下水类型变化复杂、活动强弱也随之改变,一般富水性较差。大气降水是含煤地层的主要补给水源;地形切割严重,坡度和相对高差大,有利于雨水排泄和径流,但不利于对含煤地层的补给。煤层顶底板以砂岩、灰岩、泥岩等为主的多套盖层,叠加形成了煤层气的纵向封装;在横向上与向斜、地层扭曲、封闭性断层等非渗透性边界组合构成了不同程度的遮挡,使地下水活动受阻,形成滞流承压水封堵环境。含煤岩系内含水岩、隔水岩组呈间互状分布,含水岩组间一般无水力联系,具有相对独立的补给、径流、排泄系统(表2-1)。总的来说,含煤岩系的水文地质条件主要受含煤地层的富水性和透水性控制。

表 2-1　研究区水文地质特征表

煤田	含水岩组		隔水岩组		主要岩性组合	地下水类型	水文地质特征	含水性	隔水性
	代号	厚度(m)	代号	厚度(m)					
六盘水			T_1	588	砂泥岩	基岩裂隙水	下段基本不含水,起阻隔上覆含水层水的作用		良好
	P_3l	336			碎屑岩	基岩裂隙水	富水性较差,地下水活动较弱	中	
			$P_3\beta$	290	玄武岩	基岩裂隙、孔隙水	含水性弱,以孔隙水为主,起阻隔作用		良好
织纳			T_1	403	砂泥岩	基岩裂隙水	下段含水性弱,起阻隔作用		良好
	P_3l	293			碎屑岩及石灰岩	基岩裂隙、溶隙水	富水性中等,以裂隙水为主,次为溶隙水	中	
			$P_3\beta$	129	玄武岩	基岩裂隙、孔隙水	含水性弱,孔隙水为主,起阻隔下伏岩溶水的作用		良好

2.4　岩浆活动

　　区内岩浆岩主要集中于早二叠世晚期至晚二叠早期,以峨眉山玄武岩为主,包含小规模分布的辉绿岩体。峨眉山玄武岩分布与区内富煤区范围大体一致,为上二叠统煤系地层基底,起隔水作用。

　　峨眉山玄武岩厚度往西往北逐渐增厚,向东向南逐渐变薄,以至尖灭。这种分布特征造成晚二叠世聚煤期古地形西高东低,是沉积环境从西向东由陆相向海陆交互相分布格局的重要因素之一。由此导致黔西上二叠统以由东向西超覆式沉积,主要煤层层位由东向西逐渐升高,煤层层数和厚度随之变化。

第3章　煤层气开发地质特征

3.1　煤层赋存与储层物质基础

3.1.1　煤层群发育特征

研究区内煤层具有多、薄等显著特征,与国内其他有利开发区块显著不同。煤层群特征研究可给煤层气勘探开发,特别是物性改造提供新的思路。受沉积环境影响,上二叠统含煤地层中煤层纵向上分布于全段,若在一口井中按常规仅考虑数个煤层进行开发,将不能同时顾及含煤地层中煤层气含量高的所有煤层。考察煤层厚度及间距发育特征,对煤层群进行合理组段划分,能克服单一煤层偏薄、资源量分散等缺陷,便于集中资源优势,制定合理储层改造方案,提高煤层气产能。

可从煤层厚度、煤层层数和煤层间距3个参数描述煤层群发育特征,根据煤层厚度和煤层间距2个参数划分发育类型。根据煤层厚度划分方案及研究区煤炭开采方式(地下开采),定义煤厚小于1.3 m的为薄煤层;煤厚在1.3～3.5 m范围的为中厚煤层,煤厚大于3.5 m的为厚煤层。定义煤层间距小于10 m的为近距离煤层群;煤层间距在10～60 m范围的为中距离煤层群;煤层间距大于60 m的为远距离煤层群。

研究区上二叠统含煤地层主要为龙潭组、长兴组。研究区主要构造单元煤层群发育情况如表3-1所示。宏观上看,六盘水煤田和织纳煤田上二叠统含煤性由东向西随陆相岩性体系发育而逐渐变好,可采性西部较好;富煤区集中在盘县、水城、纳雍一带,往西北、东部和东南逐渐变差;龙潭组上段含煤性最好,对整个上二叠统含煤性贡献最大,其次为长兴组下段。

从各个地区的单层可采厚度分析,研究区内均以薄煤层和中厚煤层为主,厚度大于3.5 m的煤层极少,但在各个小区均有分布(图3-1)。盘县矿区和织纳矿区薄煤层和中厚煤层比例相当,都在50%左右;水城矿区薄煤层较中厚煤层所占比例大,分别为66%和31%;六枝矿区薄煤层和中厚煤层比例分别为55%和39%,但厚煤层比例均较其余3个地区大,达到6%(图3-2)。

表 3-1 研究区构造单元煤层群发育情况

地区	向斜单元	含煤层数	总厚(m)	长兴组		龙潭组		可采煤层总厚(m)
				可采层数	可采总厚(m)	可采层数	可采总厚(m)	
盘江矿区	青山	15～29	19.87～33.64	0～6	0～7.92	3～7	8.12～14.47	8.12～20.47
	盘关(西)	28～66	26.8～46.2	4～7	6.15～12.32	6～13	7.72～16.19	13.87～26.83
	盘关(东)	9～56	24.2～44.88	6～9	8.64～12.08	3～6	7.30～11.52	15.94～24.38
	照子河	20～80	23.83～50	2～9	1.68～9.28	0～18	0～22.74	7.81～32.44
	土城	31～60	21.94～51.28	5～9	6.48～13.58	4～15	4.02～20.86	15.08～30.84
	旧普安	4～51	2～63	0～5	0～7.47	4～8	7.21～19.07	9.03～24.02
六枝矿区	晴隆	6～28	9.88～25.25	0～3	0～5.93	1～4	1.48～8.80	1.48～17.6
	中营	40～55	45～52	6～9	12.16～13.21	4～7	6.29～9.02	19.50～22.07
	蟠龙	23～67	13.10～43.2	5	6.99	4	5.4	12.39
	郎岱	15～39	24.57～43.2	2～7	1.45～17.44	4～10	4.46～17.35	6.02～29.60
	六枝	10～33	6.0～29.10	1～4	1.23～7.74	0～11	0～10.21	2.35～17.81
	补郎南	7～35	8.00～18.45	1～2	1.79～3.20	0～6	0～3.8	1.79～6.32
水城矿区	杨梅树	24～78	46.9	6～9	7.03～13.00	4～12	4.38～13.80	11.41～24.0
	格目底	51～56	35.68～36.72	7～8	11.42～12.88	7～11	8.79～11.16	20.21～24.04
	格目底	30～104	11.50～53.51	0～11	0～14.63	8～21	9.03～21.94	8.44～29.80
	垮都	7～23	11.30	0	0	2	1.44	1.44
	小河边	29～35	33.61～39.60	1～5	1.15～12.53	0～14	0～20.79	12.53～26.41
	土地垭	17～30	17.5～24.71	2～4	2.44～5.99	2～8	1.29～9.57	5.87～12.92
	神仙坡	43～50	23.04～24.46	4～7	6.34～8.97	5～6	5.13～7.18	11.47～16.15
	大河边	30～39	24.46～28.5	5～6	6.62～12.07	6～8	6.94～10.98	17.6～19.01
	二塘	25	16.95～23.35	0	0	9	11.08～11.89	11.08～11.89
	结里	5～18	10.79	0	0	13	11.32	11.32
	妈姑	7～12	不清	0	0	4	8.67	8.67

续表

地区	向斜单元	含煤层数	总厚(m)	长兴组		龙潭组		可采煤层总厚(m)
				可采层数	可采总厚(m)	可采层数	可采总厚(m)	
织纳煤田	金龙(南)	22～88	14.00～29.92	1～5	1.88～13.19	1～7	1.90～7.28	7.24～15.48
	白泥箐	34～55	17.35～36.21	2～7	3.34～8.51	1～12	0.90～12.45	7.05～20.70
	比德—三塘	20～60	13.5～92.16	1～8	1.43～11.89	1～11	2.21～12.27	3.64～22.28
	阿弓	14～44	15.78～38.76	1～2	0.95～2.98	3～9	4.14～11.67	6.25～12.88
	关寨	10～42	9.00～22.00	1	1.55～1.95	5～8	6.49～12.89	7.14～12.64
	黔西(南)	14～21	9.00～15.32			2～8	3.49～11.64	3.49～11.64
	珠藏	31～38	21.90～25.66	1～2	1.34～3.46	5～8	6.17～10.09	7.51～13.48
	白果寨—鸡场坡	28	52.74	1	2.32～2.36	1～7	2.36～8.79	4.72～8.79
	补郎	16～24	13.85	1	0.70～1.70	4～5	5.43～5.98	6.68～7.13
	轿子山区	17～21	8.21～11.02			2～3	3.06～4.79	3.06～4.79

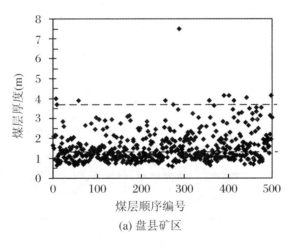

(a) 盘县矿区

图 3-1　研究区可采煤层厚度发育散点图

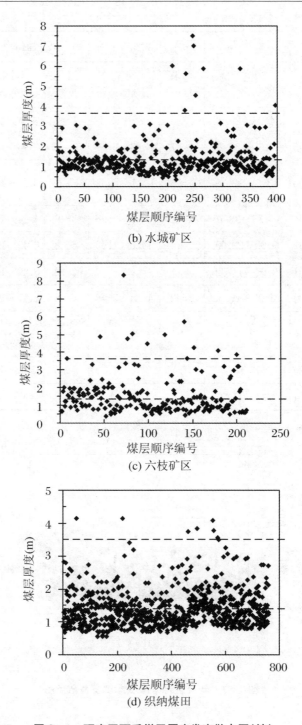

(b) 水城矿区

(c) 六枝矿区

(d) 织纳煤田

图 3-1 研究区可采煤层厚度发育散点图(续)

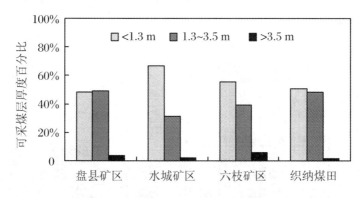

图 3－2　煤层厚度发育频率变化图解

对于可采煤层层数,各地区差异较大(图 3－3)。研究区内盘县矿区和水城矿区可采煤层层数发育相对较多,六枝矿区和织纳煤田可采层数相对较少。在盘县矿区,盘关向斜、照子河向斜和土城向斜可采煤层一般超过 10 层,个别井田在 25 层以上;水城矿区以杨梅树向斜、格目底向斜发育可采层数最多,通常将近 15 层,其余地区在 10 层左右;六枝矿区中营向斜、蟠龙向斜、郎岱向斜和六枝向斜的部分井田发育层数较多,大部分井田在 10 层左右,其余地区在 5 层以下;织纳煤田可采煤层层数发育相对均匀,一般为 5~15层,但至煤田中部以东白果寨—鸡场坡向斜、补郎向斜,可采层数减至 5 层以下。

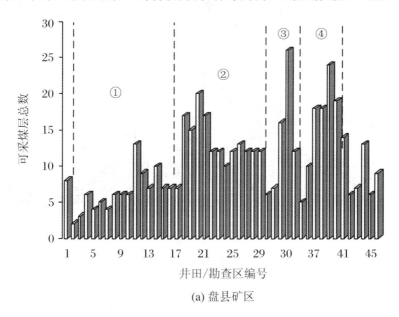

(a) 盘县矿区

图 3－3　研究区可采煤层层数发育图

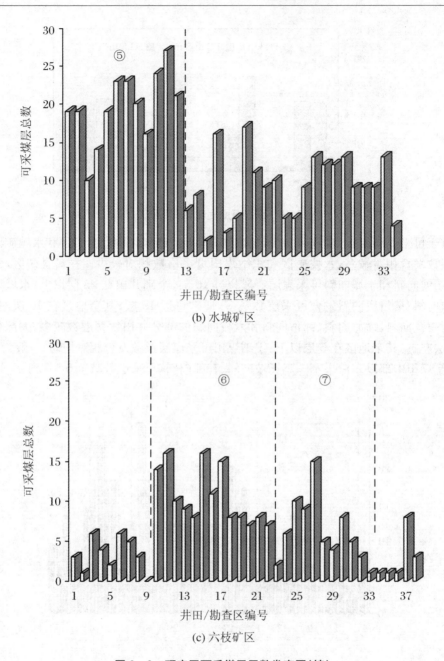

(b) 水城矿区

(c) 六枝矿区

图 3-3　研究区可采煤层层数发育图(续)

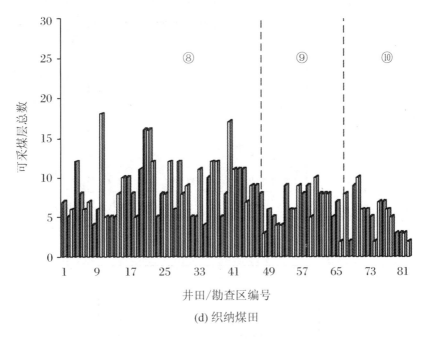

(d) 织纳煤田

图3-3 研究区可采煤层层数发育图(续)

① 青山向斜;② 盘关向斜;③ 照子河向斜;④ 土城向斜;⑤ 杨梅树向斜、格目底向斜;⑥ 中营向斜、蟠龙向斜、郎岱向斜;⑦ 六枝向斜;⑧ 金龙向斜、白泥箐向斜、比德—三塘向斜;⑨ 阿弓向斜、关寨向斜、黔西向斜、珠藏向斜;⑩ 白果寨—鸡场坡向斜、补郎向斜、轿子山区

统计结果显示盘县矿区各处煤层间距差异极大,最大达113.67 m,但这种较大层间距仅涉及少数煤层,此区煤层间距平均为8.60 m。其中煤层间距在10.0 m以下的占70.95%,层间距大于10.00 m的占29.05%,各统计单元的煤层间距变化无规律可循(图3-4)。而水城矿区煤层间距在0.46~108.52 m,平均为10.77 m,其中煤层间距在10.00 m以下的占62.82%,层间距大于10.00 m的占37.18%。六枝矿区煤层间距在0.45~131.78 m,平均为16.32 m,其中煤层间距在10.00 m以下的占44.40%,层间距大于10.00 m的占50.18%,显示本区煤层间距较大。织纳煤田煤层间距在0.34~81.51 m,平均为10.02 m,其中煤层间距在10.00 m以下的占62.77%,层间距大于10.00 m的占37.23%;从区域分布看,煤田西部的支塘、白泥箐、百兴、水公河向斜等煤层间距基本在20.00 m以下,中部三塘、珠藏、阿弓、关寨向斜煤层间距分布在20.00 m以上的数目有增多趋势。研究区煤层间距值分布呈现出由大到小逐渐增加的区域性规律,仅在六枝矿区呈现出"两头大、中间小"的特点,各个地区均以小于10 m的煤层间距值占较大比例,但煤层间距超出60 m的统计见煤点极少(图3-5)。

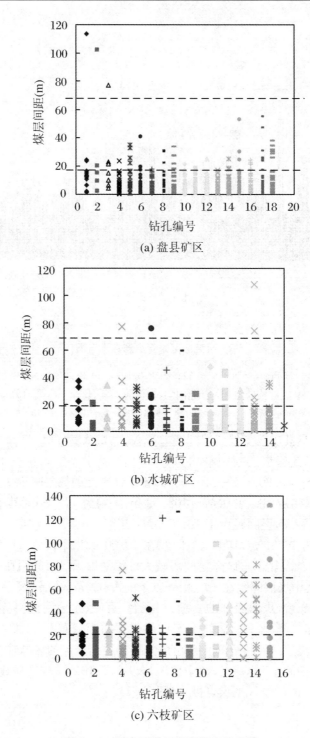

(a) 盘县矿区

(b) 水城矿区

(c) 六枝矿区

图 3－4　研究区煤层间距发育散点图

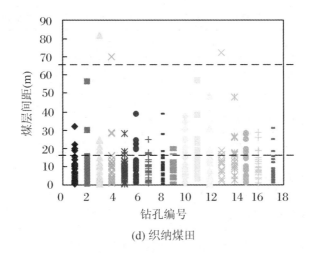

(d) 织纳煤田

图 3 - 4　研究区煤层间距发育散点图(续)

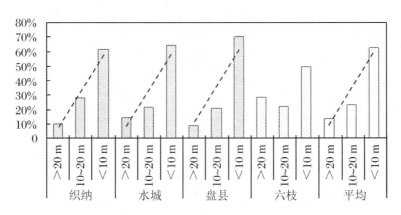

图 3 - 5　煤层间距区域分布百分比变化图解

3.1.2　煤岩煤质特征

据井下煤岩及钻井煤心观察统计,上二叠统主要煤层中,以半暗煤和半亮煤为主,次为暗淡煤,光亮煤少见。宏观煤岩类型与煤类有一定关系,低、中变质烟煤,一般以暗淡煤和半暗煤为主;中、高变质烟煤中,常见半暗和半亮煤;无烟煤中,半亮煤明显增加。煤的结构类型,以线理状和细条带状为主,均一状结构仅见于某些暗淡烟煤和光亮型无烟煤。镜质组是上二叠统煤层中最常见的显微组分,其组分以基质镜质体和结构镜质体为主;其次为惰质组,其成分以结构丝质体和无结构丝质体为主。个别勘查区煤层含有壳质组,一般含量较少。上二叠统主要煤层中的矿物质含量一般为 10%～20%,以黏土矿物和石英为主,次为黄铁矿和碳酸盐矿物(表 3 - 2)。

表 3-2 研究区部分勘查区上二叠统煤的显微组分组成统计

煤田	勘查区	显微组分			无机矿物				无机总量	有机总量	反射率 $R_{0,max}$
		镜质组	惰质组	壳质组	黏土组	硫化物矿物	碳酸盐矿物	氧化硅矿物			
织纳煤田	戴家田	69.66%	24.98%		9.59%	3.54%	1.14%	3.35%	17.63%	82.37%	2.79%
	大冲头	74.19%	25.80%	0.06%	6.41%	2.73%	1.12%	1.19%	11.46%	88.54%	3.24%
	文家坝	74.71%	25.29%		8.02%	3.61%	2.08%	3.51%	17.09%	82.91%	3.19%
	关寨	85.31%	14.60%		8.3%	2.65%	2.09%	4.25%	16.94%	79.17%	2.77%
	开田冲	79.94%	20.06%		8.93%	1.7%	0.32%	2.07%	13.02%	86.98%	3.23%
	肥田一号	79.23%	7.92%		7.09%	2.00%	0.98%	2.85%	12.93%	87.07%	3.09%
	肥田二号	83.04%	16.95%		6.17%	1.76%	0.36%	0.61%	8.90%	91.10%	3.17%
	肥田三号	77.7%	18.02%		4.35%	3.61%	0.87%	1.62%	2.49%	97.51%	3.21%
	化乐	65.25%	15.59%		8.83%	3.36%	1.37%	5.33%	18.77%	80.32%	1.76%
	比德	96.87%	3.13%		9.86%	1.40%	0.33%	2.73%	14.11%	85.89%	
	黑塘	77.01%	23.03%		7.37%	4.05%	2.07%	5.63%	19.11%	80.90%	1.82%
六盘水煤田	三官营	85.76%	14.24%		3.98%	3.99%	1.25%	2.36%	11.58%	88.42%	2.67%
	楼下	83.20%	16.81%		8.23%	2.81%	0.83%	1.85%	14.36%		3.10%
	泥堡	87.03%	12.91%		8.33%	3.51%	1.86%	2.00%	15.70%	85.30%	2.79%
	幸福	86.49%	13.51%		7.93%	2.96%	0.80%	3.49%	15.04%	84.96%	2.73%
	雨谷	70.06%	22.75%		9.55%	1.96%	1.19%	3.38%	16.07%	83.94%	1.81%
	马依西	73.95%	20.76%		9.66%	2.29%	1.93%	2.64%	16.52%	83.48%	1.96%
	老厂	85.14%	14.86%		7.67%	2.28%	1.84%	3.20%	14.98%	85.02%	2.18%
	竞发	82.60%	17.40%		15.72%	3.04%	1.65%	2.35%	22.76%	77.24%	2.61%
	发耳	77.05%	10.72%		7.66%	2.12%	1.69%	5.23%	16.59%	83.41%	1.89%
	连山	83.54%	16.47%		9.22%	0.82%	1.05%	4.57%	15.65%	84.36%	1.48%
	坞铅	83.92%	16.08%		9.41%	1.44%	0.35%	3.52%	14.72%	85.28%	1.75%

煤层镜质组含量与惰质组含量一般具有相互消长的关系,前者是植物根、茎、叶在覆水的还原条件下形成的,后者是由植物遗体在缺水多氧的环境下形成的,反映的是氧化环境。依据镜质组和隋质组的含量配比,可结合沉积学证据对沉积古地理环境初步预测。如水城大湾的 2、3、4、5、7、8、9、12 号煤层,织金文家坝的 5、10、12、17 号煤层均有含量较低的镜质组和较高的惰质组,初步指示了煤层形成时期的陆相环境,而文家坝的 6、16、23、27 号煤层有含量较高的镜质组和较低的惰质组,指示煤层形成的近海相环境(图 3-6)。

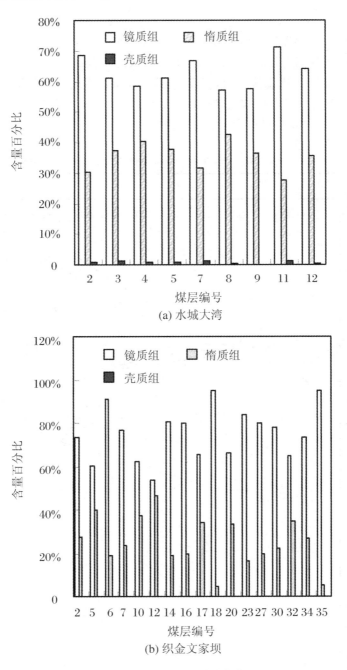

(a) 水城大湾

(b) 织金文家坝

图 3-6　显微组分垂向变化曲线

研究区上二叠统硫的分布与沉积环境密切相关,其含量分布大致显现为由西北向东南逐渐增高。晚二叠世早期,研究区东部为海相沉积,向西渐变为过渡相、陆相,使得上二叠统早期的煤层含硫量由西至东逐渐增加;至晚二叠世中期,海相沉积面积扩大,低硫和特低硫面积减小;晚二叠世晚期,海水继续向西入侵,成煤环境缩小,低硫、特低硫煤分布面积有所增加,但在东部的近海相沉积区含硫量较高。硫的纵向变化规律表明(图3-7),龙潭组中段下部煤层含硫量较低,如16、17和21号煤层,指示了海退沉积环境;龙潭组下段和上段的硫含量高,如27、30和33号煤层,指示了沉积时期的海进环境。灰分含量变化与含硫量变化总体一致,显示为长兴组和龙潭组上段煤层灰分低于下段煤层。而挥发分的变化规律是随煤层埋藏深度的增加而减少,表明煤的变质程度随煤层埋深而增加,深成变质作用是煤级大小的主要控制因素。

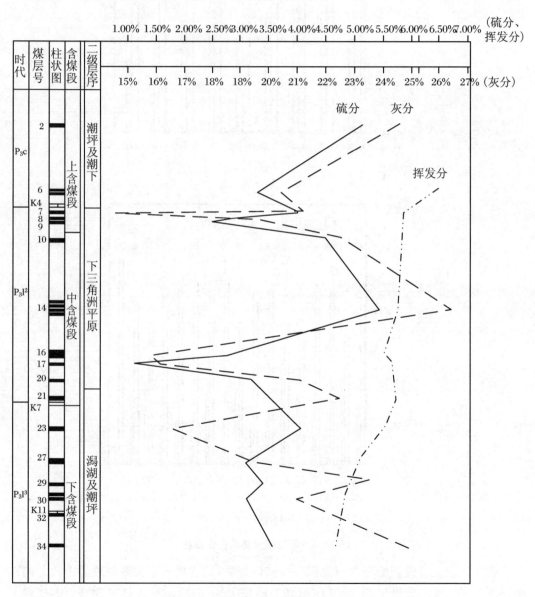

图3-7 晚二叠世主要可采煤层灰分、挥发分和硫分垂向变化曲线

3.1.3　煤的变质程度

研究区上二叠统煤的变质程度具有东南部高西北部低、南北高中间低的总体特点，分别在六盘水煤田盘关向斜西翼、大河边—小河边向斜、蟠龙向斜、郎岱向斜局部以低变质区域向四周递增。

织纳煤田除西南部的黑塘和化乐一带 $R_{0,max}$ 值介于 $1.5\%\sim2.5\%$，为贫、瘦煤阶段，其余地区 $R_{0,max}$ 值一般大于 2.5%，为高变质无烟煤。由煤田北部边界向南至岩脚向斜三角状区域范围内 $R_{0,max}$ 值在 3.0% 以上，煤田东部大部分地区 $R_{0,max}$ 值在 $2.5\%\sim3.0\%$ 之间。六盘水煤田以中变质煤为主，镜质组最大反射率一般在 $1.0\%\sim2.0\%$ 之间。$R_{0,max}$ 等值线沿南北方向由西至东条带状增大，水城矿区 $R_{0,max}$ 值一般小于 1.5%，但至六枝矿区六枝向斜、郎岱向斜，$R_{0,max}$ 值在 $2.0\%\sim2.5\%$ 之间，盘县矿区由西至东 $R_{0,max}$ 值由 1.5% 逐渐增至 2.5%，局部地区甚至在 2.5% 以上，出现 Ⅲ 号无烟煤。

煤的变质是多种因素综合作用的结果，煤的变质程度随煤层埋深的增加而增加，揭示深成变质作用是研究区煤层变质的主控因素。在区域构造控制的背景下，研究区在广泛的深成变质作用的基础上，不同程度地叠加了区域岩浆热变质作用，从而形成了现今煤层变质程度和分布状态。

3.2　煤储层含气性特征

在研究含气性的分布时，常常引入煤层气风化带的概念。通常，将甲烷浓度小于 80% 时所对应的地层深度定义为煤层气风化带的下限深度。除了采用甲烷浓度 80% 来表征风化带下界外，习惯上也用某一含气量值来近似表达，因为含气量与甲烷浓度具有一定的相关关系。

研究区多个向斜中煤层的最大埋深都超过 $1\,200\,m$，但两个煤田目前的最大勘探深度不超过 $1\,000\,m$。鉴于风化带深度在区域上存在显著变化，煤层间也略有差异，采用煤层甲烷含量 $4\,m^3/t$ 作为煤层气风化带下限深度，六盘水煤田和织纳煤田煤层气风化带深度分别在 $150\,m$ 和 $100\,m$ 左右。

3.2.1　煤储层含气量

研究区内煤层甲烷区域分布呈现赋煤构造单元区域赋存、向斜控气的总体特点。根据六盘水煤田和织纳煤田主采煤层甲烷含量等值线图展示结果，自上而下不同煤层甲烷含量区域分布格局变化不大，甲烷含量从向斜翼部至轴部快速增加[17]。

据煤层含气量数据统计,六盘水煤田煤层甲烷含量(干燥无灰基,下同)一般介于 3.87~29.16 m³/t,平均为 12.79 m³/t。六盘水煤田含气量大于 4 m³/t 的区域较多分布于盘县矿区和六枝矿区的赋煤构造单元。织纳煤田煤层甲烷含量在 0.24~29.21 m³/t 之间变化,平均为 13.81 m³/t;含气量大于 24 m³/t 的地带在煤田西部、北部和南部向斜单元局部分布;织纳煤田东部煤层含气量一般低于 12 m³/t。

在垂向上,煤储层甲烷含量值与埋深之间的关系并不明显。总体而言,随着煤层埋深增大,含气量趋于增高,但织纳煤田甲烷含量随埋深增加较六盘水煤田快,即含气量梯度较大(图 3-8)。层位分布上,一般随层位增加,煤层含气量增加,但多数勘探区甲烷含量呈波动式变化,部分勘探区少数层位甲烷含量在 10 m³/t 以下(图 3-9)。

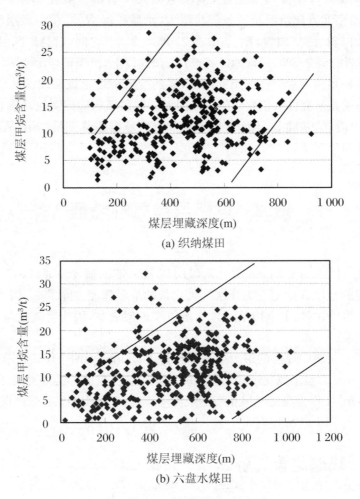

(a) 织纳煤田

(b) 六盘水煤田

图 3-8　煤层含气量与埋深之间关系

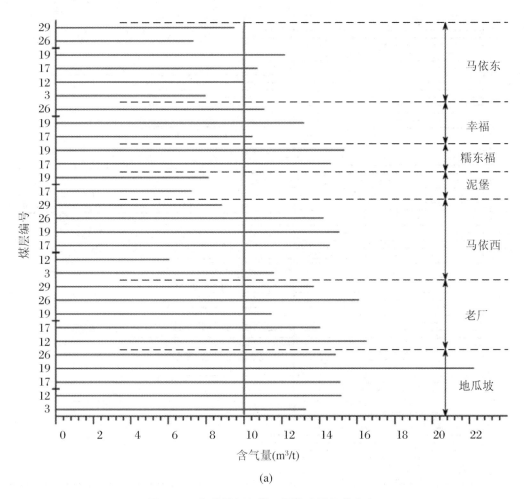

(a)

图 3 - 9　部分勘探区煤层甲烷含量层位分布

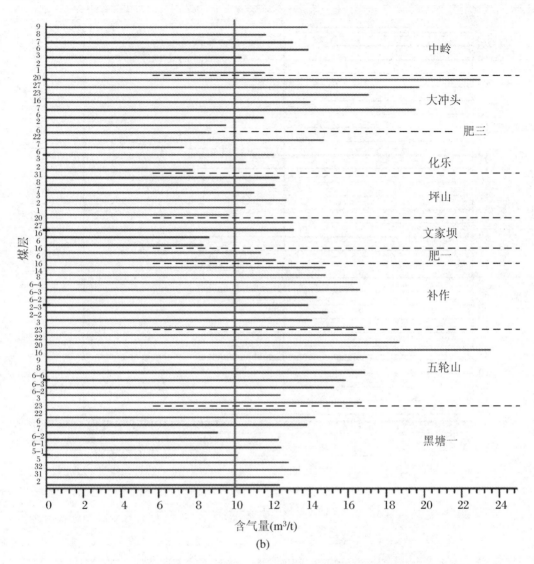

(b)

图 3-9　部分勘探区煤层甲烷含量层位分布(续)

表 3-3　六盘水煤田青山向斜煤层气组分统计结果

煤层	老厂 N_2	老厂 CO_2	老厂 CH_4	老厂 C_2H_6	马依西 N_2	马依西 CO_2	马依西 CH_4	马依西 C_2H_6	幸福 N_2	幸福 CO_2	幸福 CH_4	泥堡 N_2	泥堡 CO_2	泥堡 CH_4
3	45.69%	0.10%	68.52%	0.86%	15.51%		82.85%	2.68%						
12	19.59%	0.29%	82.94%	0.41%	16.51%		83.49%							
17	18.27%	0.20%	81.14%	0.31%	24.52%	4.59%	70.55%	13.39%	34.62%	0.37%	64.77%	5.54%	7.44%	91.98%
19	31.74%	0.18%	67.79%	1.18%	24.46%	2.25%	69.27%	3.41%	16.07%	1.04%	85.96%	7.56%	3.64%	91.71%
26	11.80%	0.15%	87.25%	0.33%	14.17%		83.91%	3.77%	21.68%	0.55%	77.78%			
29	19.04%	0.15%	81.94%	0.26%	5.04%	0.86%	93.05%							

煤层	马依东 N_2	马依东 CO_2	马依东 CH_4	马依东 C_2H_6	地瓜坡 N_2	地瓜坡 CO_2	地瓜坡 CH_4	地瓜坡 C_2H_6	糯东 N_2	糯东 CO_2	糯东 CH_4	糯东 C_2H_6
3	25.00%	3.49%	68.72%	11.05%	18.15%	0.15%	81.21%	0.95%				
12	9.90%	3.89%	82.78%	8.26%	26.68%	0.23%	72.96%	0.30%				
17	15.72%	6.06%	74.74%	8.01%	9.22%	0.09%	90.54%	0.25%	14.75%	0.50%	85.18%	0.13%
19	19.05%	5.63%	72.54%	5.45%	25.56%	0.23%	73.95%	0.33%	14.95%	0.44%	84.75%	0.10%
26	15.83%	7.18%	77.16%	5.62%	6.91%	0.60%	90.24%	2.26%	2.71%		97.29%	
29	12.87%	6.81%	77.12%	6.84%	17.15%	0.23%	82.40%	0.23%				

表 3－4　织纳煤田部分勘探区煤层气组分统计结果

勘探区	底板埋深(m)			N_2			CH_4			重烃		
	最小	最大	平均	最小	最大	平均	最小	最大	平均	最小	最大	平均
黑塘	165.22	926.86	456.17	1.70%	49.96%	18.74%	49.63%	97.63%	81.53%	0.01%	3.16%	0.57%
化乐	62.77	806.35	482.81	0.23%	48.05%	17.10%	50.01%	99.80%	83.42%	0.02%	1.65%	0.41%
戴家田	84.65	696.41	379.06	0.31%	48.22%	7.92%	51.78%	99.69%	94.29%	51.78%	99.69%	90.62%
文家坝南段	42.30	432.74	228.99	0.02%	26.55%	4.76%	6.18	100%	89.44%	0.19%	92.68%	32.18%
大冲头	67.53	582.81	313.10	0.04%	44.79%	6.70%	7.06%	99.94%	84.59%	3.11%	92.84%	56.77%
阿弓南段	51.21	564.3	318.05	0.20%	39.52%	10.23%	58.84%	97.2%	84.64%			
中寨	102.03	739.14	410.48	0.01%	48.28%	18.84%	51.57%	99.82%	80.56%	0.02%	0.66%	0.14%
红梅	26.60	230.82	148.58	0.14%	29.27%	4.99%	20.72%	98.99%	88.53%			
肥一	34.95	363.9	200.25	0.9%	50.47%	13.29%	48.3%	97.01%	82.95%	1.23%	1.8%	1.52%
肥二	51.43	748.23	421.68	0.01%	61.67%	8.54%	15.57%	99.96%	84%	1.57%	84.37%	33.03
肥三	42.70	561.30	318.8	0.01%	53.18%	4.86%	37.64%	99.99%	95.45%	1.89%	3.86%	2.45%
关寨	62.12	841.50	521.92	0.38%	45.82%	13.99%	50.39%	100%	87.56%	0.04%	5.16%	0.41%

3.2.2　煤层气成分

六盘水煤田煤心解吸资料(主要集中于青山向斜和格目底向斜)表明(表 3-3),其甲烷平均浓度在 64.77%~99.29%之间,均值为 81.03%;氮气平均浓度在 2.71%~45.69%之间,均值为 18.74%;二氧化碳平均浓度在 0.09%~7.18%之间,均值为 1.72%。据表 3-4 可知,织纳煤田煤层甲烷浓度在 6.18%~100.00%之间,均值为 86.13%,以珠藏向斜最高,平均 88.06%;氮气浓度在 0.01%~61.67%之间,均值为 10.57%,比德向斜和三塘向斜最高,分别为 17.26%和 15.61%;重烃浓度在 0.01~92.84%之间,一般小于 1%。其中珠藏向斜肥田二号、阿弓向斜大冲头、文家坝勘探区存在重烃异常,少量采样点重烃浓度在 90%以上(表 3-5)。

总体来看,煤层甲烷浓度与埋藏浓度无明显关系(图 3-10),但对甲烷浓度分煤层统计,则发现甲烷浓度随煤层变化具有波动性特征(图 3-11),这种特征与煤层含气性变化特征趋于一致,在各煤层基本不存在水力联系的前提下,这种现象暗示各主要单一煤层可能存在独立的含煤层气系统。

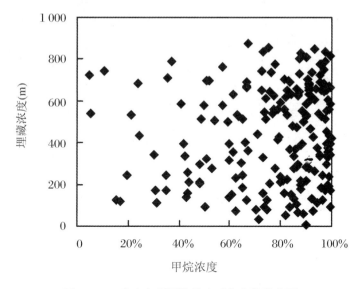

图 3-10　青山向斜甲烷浓度垂向变化散点图

表 3 - 5　织纳煤田重烃异常区煤层气组分统计结果（按煤层）

勘探区	煤层号	底板埋深 (m)			N_2			CH_4			重烃		
		最小	最大	平均	最小	最大	平均	最小	最大	平均	最小	最大	平均
文家坝南段	6	66.44	223.46	147.51	0.02%	26.20%	6.32%	6.18%	99.76%	85.17%			92.68%
	16	48.15	338.55	199.09	0.13%	26.55%	6.52%	9.27%	100.00%	86.38%	1.86%	90.54%	46.20%
	27	42.30	416.44	250.45	0.19%	17.93%	3.90%	11.26%	99.54%	90.14%	1.62%	88.31%	24.07%
大冲头	6	151.35	327.62	239.78	0.16%	17.06%	4.66%	67.95%	99.84%	90.42%	8.56%	78.85%	43.71%
	7	67.53	361.41	250.10	0.14%	44.79%	7.97%	43.49%	96.93%	85.40%	62.39%	92.73%	77.56%
	16	91.12	472.09	342.20	0.15%	32.60%	7.18%	64.07%	98.16%	90.89%			
	27	94.69	544.00	377.92	0.04%	16.34%	4.27%	7.06%	99.94%	78.26%	5.55%	92.84%	58.52%
肥田一号	6	111.61	368.07	256.42	0.15%	8.77%	2.31%	91.23%	99.84%	95.60%			1.57%
	16	51.43	541.67	410.88	0.01%	61.67%	20.87%	29.67%	99.88%	70.53%	3.10%	67.54%	35.32%
	23	527.08	594.28	560.68	0.15%	2.21%	1.18%	28.30%	98.85%	63.58%			69.49%

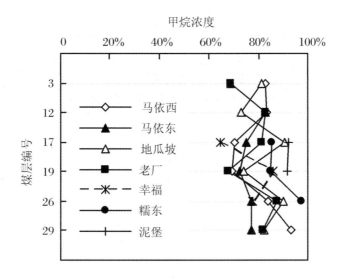

图 3-11　青山向斜勘探区煤层甲烷浓度层位变化曲线

3.3　煤储层物性特征

煤层气在煤储层中的运移须经过煤基质中的孔隙和裂隙系统,孔隙和裂隙构造了煤储层的结构要素,由此形成了两个层次的煤储层内部结构。在总结借鉴前人研究成果和相关分析测试成果基础上,对研究区煤储层的孔、裂隙结构特征进行了系统分析。

3.3.1　煤储层孔隙结构特征

煤中孔隙是指煤体中未被固体物(有机质及矿物质)充填的空间。煤的孔隙性质(包括孔隙形态、大小及发育规律等)是研究煤层气赋存状态、气水介质与煤基质块间化学、物理作用以及煤层气运移的基础。

1. 计算孔隙率

六盘水煤田盘关向斜部分煤层的计算孔隙率在 2.75%～5.16% 之间,一般随灰分产率的增加而降低,以 17 号煤层为界,垂向上有从上到下先增加后降低的趋势;青山矿区主煤层平均计算孔隙率变化不大,分布于 3.85%～4.91% 之间,均值为 4.32%,3、12 号煤层的孔隙率较小,29 煤层最高,垂向上有向下逐渐增高的趋势(图 3-12)。

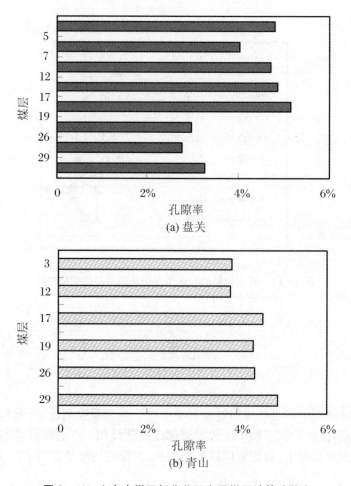

图 3－12　六盘水煤田部分井田主要煤层计算孔隙率

织纳煤田部分井田勘探区计算孔隙率随层位变化如图 3－13 所示,大部分井田孔隙率随层位均呈波动式变化。煤田东部无计算数据,煤田中部肥田二号、肥田三号、阿弓南、大冲头等孔隙率较大;西南部孔隙率总体偏低,如中岭、五轮山、化乐二井田。

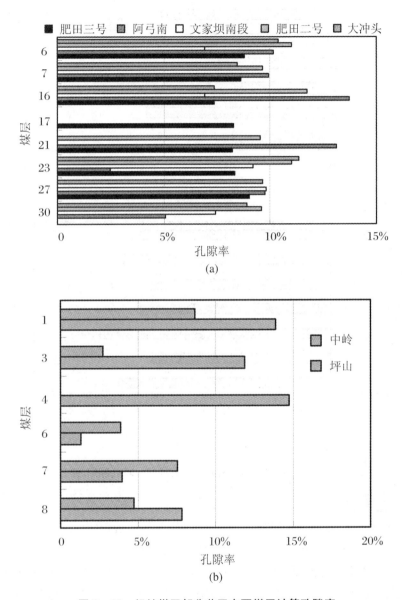

图 3-13　织纳煤田部分井田主要煤层计算孔隙率

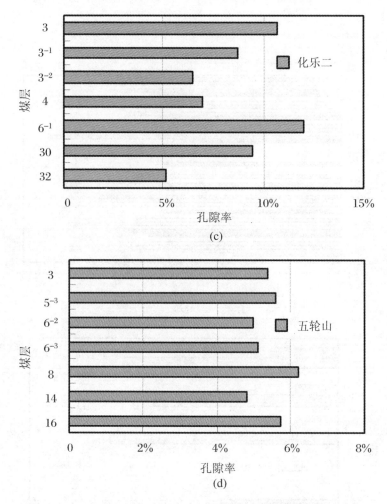

图 3-13　织纳煤田部分井田主要煤层计算孔隙率(续)

2. 测试孔隙结构

本研究采用了 B.B.霍多特的十进制孔径结构分类系统(孔径小于 10 nm 的为微孔；10～100 nm 的为小孔；100～1 000 nm 的为中孔；大于 1 000 nm 的为大孔)的煤孔径结构划分方案。结合压汞法和低温液氮法对煤储层孔隙的分析结果[18]，研究区至少存在三类结构的孔隙：① 孔隙结构的微孔含量比例占 90%以上，小孔、中孔和大孔均不发育，孔喉直径小，总进汞量一般低于 20%，排驱压力大，但孔隙形态以开放平行板状孔为主，有少量的"墨水瓶"孔。② 微孔至大孔均较发育，但表面孔隙连通性差，孔喉直径均值大，排驱压力小。③ 微小孔发育好，中孔比大孔更为发育，孔隙之间连通性较好，孔喉直径均值较小，排采压力较大，但孔隙为具有"细颈瓶"状特征的孔型。这种孔隙对煤层气的富集和产出最为有利，而前两类孔隙仅有利于煤层气的富集。

光学显微镜下能观察到丝质体中的植物胞腔孔保存完好，形态规则，胞腔呈扁椭圆形,但大部分被压扁呈短线状,按一定方向定向排列,表明后期具有强烈的构造改造作用。结构镜质和半丝质体、矿物质中的孔隙(粒间孔)表现为不规则状,大小形态不一。短线状且定向排列的胞腔孔在研究区较为常见(图 3-14)。

(a) 丝质体中的植物胞腔孔

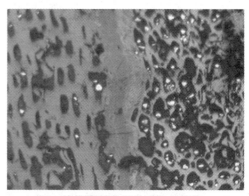
(b) 结构镜质体和丝质体的植物
胞腔孔,黄铁矿充填

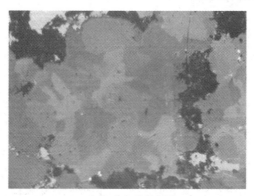
(c) 矿物质中的粒间孔

图 3-14 光学显微镜下孔隙发育特征
(a) 普通反射光,标尺长度 250 μm,局部放大;(b)、(c) 油浸反射光,320×

3.3.2 煤储层裂隙发育特征

根据矿井煤层和钻探煤心观测结果,研究区内不同区块宏观裂隙的走向、密度发育差别较大,且充填程度不同。如火烧铺矿 3 号煤层面裂隙走向为 190°~210°,20 号煤层面裂隙走向为 320°~340°,端割理不甚发育;老屋基 14 号煤层面裂隙走向为 200°~220°;山脚树 12 号煤层在 280°左右,但面割理与端割理均较发育(表 3-6)。火烧铺矿割理密度较差,但发育高度大,且裂缝较少充填;老屋基和山脚树矿裂隙发育程度均较好,但割理高度较低且充填程度较大。

表 3-6　六盘水煤田盘关向斜煤层割理特征(易同生,2007)[19]

井田	煤层	间距(cm)		走向		宽度(mm)		密度(条/cm)		高度(cm)		充填程度	倾角	
		面	端	面	端	面	端	面	端	面	端		面	端
火烧铺	3	3	4	200°	290°	0.5～1	0.5～1	6/16	2/8	3.5		少量填充方解石薄膜	约90°	约90°
	20	4		320°		0.5～1		120/5		3～3.5		无填充	85°	
老屋基	14	1.7	1.1	220°	140°	0.5～1	0.5～1	28/50	20/30	0.8～3.5	0.5～1	70%被方解石薄膜填充	约90°	约90°
山脚树	12	1～6	3～5	280°	185°	0.5	0.5	10～31/30	85/80	1～6	1	完全被方解石薄膜填充	85°	80°～90°

　　织纳煤田比德向斜化乐勘探区煤层气参数井煤心裂隙观测结果显示:煤层内生裂隙发育,面裂隙密度为 5 条/cm,局部面裂隙密度可达 10 条/cm,面裂隙长度一般大于 5 cm,由方解石脉充填,表面形态显平直状,少量为弯曲状,主要呈矩形网状组合类型,少量为不规则状,外生裂隙稍发育(图 3-15)。总体表现内生裂隙较发育,密度和方向发育不均匀,这有利于煤层渗透性的提高,但部分裂隙中的黄铁矿或方解石脉充填对渗透性具一定负影响。

(a)　　　　　　　　　　(b)

(c)

图 3-15　化乐勘探区不同煤层宏观裂隙发育特征

光学显微镜下,可以看到镜质体中的显微裂隙较为发育,呈规则状、无序状、T字形内生裂隙(图3-16),但部分裂隙明显被方解石脉或黄铁矿充填,且部分裂隙发育受组分限制,仅发育于镜质组中。丝质体中裂隙发育较少,多为后期作用形成的外生裂隙。通过扫描电镜下对显微裂隙发育形式的观察[17],其发育形式有直线形、弯曲状折线形和T字形,缝宽一般在3~10 μm。线形裂隙仅发育一组,且未见与之贯通的超微裂隙,不利于煤层气的渗流;折线形和T字形裂隙均为两组,方向近于垂直,有利于形成连接孔隙和宏观裂隙的流动通道。

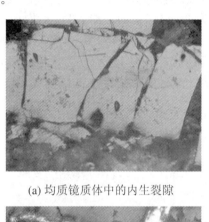

(a) 均质镜质体中的内生裂隙

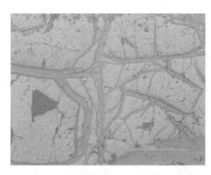

(b) 方解石脉状充填裂隙

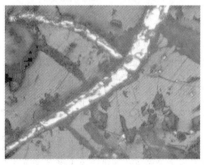

(c) 薄膜状黄铁矿充填裂隙

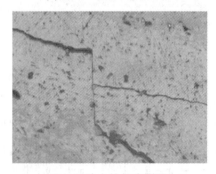

(d) 丝质体中的外生裂隙

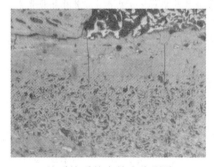

(e) 基质镜质体中的内生裂隙

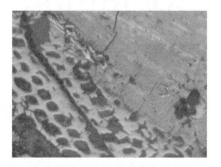

(f) 内生裂隙止于组分变化交界处

图3-16　化乐勘探区煤样储层微观裂隙发育特征

(a)、(c)、(d)、(e)、(f) 油浸反射光,320×;(b) 普通反射光,标尺长度2 000 μm

3.3.3　煤储层压力特征

　　一般通过试井方法分析测得煤储层试井压力,即利用外推方法求取原始相对平衡状态的初始压力。煤储层压力与煤层含气性密切相关,它与吸附性(特别是临界解吸压力)之间的相对关系直接影响采气过程中排水降压的难易程度。因此,煤储层压力研究,不仅对煤层含气性和开采地质条件的评价十分重要,同时也可为完井工艺提供重要参数。试井储层压力统计结果显示:煤层试井储层压力介于 0.72～12.89 MPa,平均 6.01 MPa,压力系数介于 0.58～1.63,平均 1.02。煤储层压力较多集中于 2.0～8.0 MPa,相应压力系数为 0.65～1.15,平均 0.97,表现为欠压、常压和超压均有分布。六盘水煤田整体显示出正常～异常高压的储层压力状态,织纳煤田普遍呈现正常～低压的储层压力状态(图 3-17)。

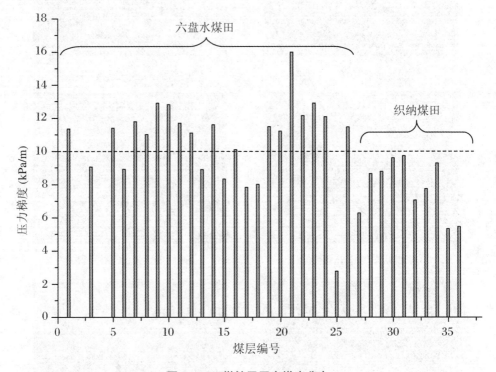

图 3-17　煤储层压力梯度分布

　　一般地,煤储层压力受地质构造演化、生气阶段、水文地质条件(水位、矿化度、温度)、埋深、含气量、地应力等诸多因素影响,其中煤层埋深和地应力是储层压力的主控因素。六盘水煤田储层压力与煤层埋深的线性较为明显,随埋深增加,储层压力呈增加趋势,而压力系数与煤层埋深的关系则并无显著线性关系。但是,数据中存在着深度大于 1 000 m 的极端数值(图 3-18),如果剔除这一数据,压力数据随埋深减小而增大的趋势则非常明显。根据这一趋势延至地表,会出现超压的压力系数,这违背了一般性的常识,与地质事实严重不符。压力系数表示为实测地层压力与同深度静水压力之比值,压力系数随埋深减小而增大的关系在储层压力减小的情况下,意味着同深度静水压力值的升高。埋深越浅,静水压力值反而升高,这种反常关系可能受控于单一因素的制约或是多种因素的耦合,存在的诸如水动力封闭机制、地应力、埋深等其他因素也可能控制着高压现象。但压力系数随层位变浅而升高是否指示出有多层独立水力封闭系统的存在呢?这些具有压力随层位变浅而升高特点的多层水力封闭系统又是如何形成的? 这一异常超压区的存在是否能表明六盘水煤田大范围内均存在异常超压储层,尚需更为深入的研究。相比之下,织纳煤田储层压力特点较为简单。煤层埋深增大,储层压力与压力系数随埋深增大而变化的线性关系明显,仅回归线对应的压力系数相当离散,储层压力梯度相对较高(8.8 kPa/m)(图 3-19),这表明织纳煤田整体含煤地层各层位之间存在良好的流体动力联系。

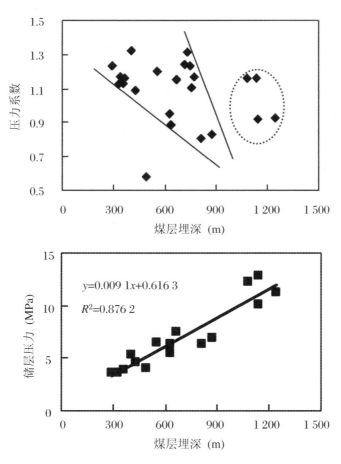

图 3-18　六盘水煤田煤层埋深与压力系数和储层压力的关系

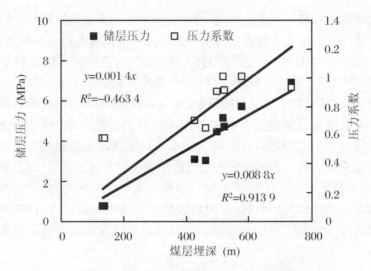

图 3－19　织纳煤田储层压力、压力系数与煤层埋深耦合关系

构造应力是影响煤储层压力发育差异的又一关键地质原因,构造应力的变化直接影响煤层孔裂隙空间内流体压力的大小。大地动力场型应力场或挤压应力场背景中的煤储层,地应力值越高,渗透率就越低,储层越难流动,易形成超高的储层压力。如图 3－20所示,研究区煤储层试井储层压力系数随地应力梯度的增大而增大,表明地质构造与地应力的不同演化影响了煤储层的差异渗流能力,是储层压力差异发育的重要控制因素。

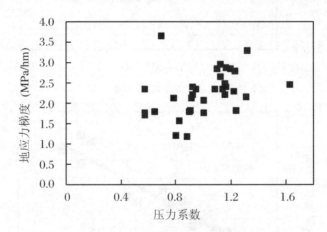

图 3－20　研究区煤储层压力系数与地应力梯度关系

3.3.4　煤储层的渗透性变化特征

煤储层的渗透性是指岩石传导流体的能力,即在一定的压差下,允许流体通过其连通孔隙的性质。渗透性的强弱可用渗透率表示,其值大小直接影响到煤层气的开发难

易。渗透率的获得有实验室测定、煤储层透气性系数换算、注入压降试井、测井曲线解释、数值模拟和构造曲率法预测等多种方法。以不同的方法求算的结果变化很大，难以相互对比，在诸方法之中，只有以产能历史匹配方法和试井方法求得的结果接近于自然界的真实情况。研究区煤储层渗透率值主要通过试井方法获得。

通过对六盘水和织纳煤田的试井渗透率统计发现：总体渗透率为0.000 164～1.562 1 mD，平均为0.157 5 mD；六盘水煤田试井渗透率为0.000 173～0.48 mD，平均为0.053 2 mD；织纳煤田渗透率为0.000 164～1.562 1 mD，平均为0.429 0 mD（表3-7）。然而六盘水煤田亮山区块测试6煤层试井渗透率最大仅为0.009 6 mD，平均为0.015 6 mD，煤层埋深均在1 000 m以深，试井渗透率偏小极有可能与埋深过大有关；而渗透率大于1.0 mD的煤层为织纳煤田纳雍洞口3号和4号测试煤层，埋深分别为135.90 m和142.78 m，渗透率在普遍低渗情况下异常偏高，表明与埋深过浅有关。六盘水煤田试井渗透率整体低于织纳煤田（图3-21），总体不利于煤层气的地面开发。有鉴于研究区煤储层渗透率普遍偏低，依据国外煤储层渗透率划分标准显然不适合本区，参照相关标准，对本区煤储层渗透率作如下划分：

（1）高渗透率煤储层

渗透率大于1.0 mD。

（2）中渗透率煤储层

渗透率0.1～1.0 mD。

（3）低渗透率储层

渗透率0.01～0.1 mD。

（4）特低渗透率储层

渗透率小于0.01 mD。

表3-7 研究区煤层气井试井解释成果表

煤　　田	参数类别	埋深(m)	厚度(m)	渗透率(mD)
六盘水煤田	极值	292.22～1 243.60	0.65～6.93	0.000 173～0.48
	均值	706.43	3.39	0.053 2
织纳煤田	极值	135.90～736.98	0.40～5.90	0.000 164～1.562 1
	均值	441.43	2.38	0.429 0

依据此分类，发现研究区中渗透率和高渗透率储层偏少，以特低渗—低渗透率储层为主，中渗透率储层也占有相当大比例，特低渗透率和低渗透率储层共占统计层次总数的44%（图3-22）。结合表3-7认为，六盘水煤田主要分布特低渗透率储层和低渗透率储层，织纳煤田主要为中渗透率储层。

从地域分布看，试井渗透率偏低值集中分布于煤田西南隅亮山和金竹坪区块，马依区块亦有低渗值煤层分布。这一集中展布趋势，一方面是局部高地应力场对煤层裂隙的挤压封闭与聚煤后期构造变动对煤层破坏耦合作用的结果,另一方面与亮山区块3口煤层气探井出现渗透率极低值与大埋深有极大关系。同时,特低渗透率在近邻的亮山区块、金竹坪区块和马依区块的连片集中分布是否能够表明在六盘水煤田向北东向展布的其他勘探区皆为低渗煤层还有待于更深层次的构造控制分析与更多的工程验证。

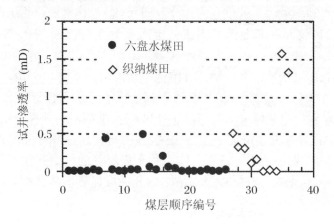

图3-21 试井渗透率煤田分布

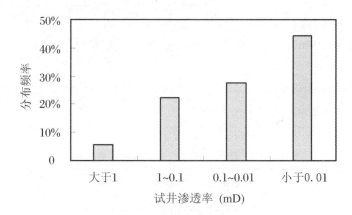

图3-22 试井渗透率分布频率图

3.4 现代地应力特征

地应力的形成主要与地质历史时期地球的各种动力作用过程有关。自1932年劳伦斯在胡佛水坝首次成功地进行了原岩应力的测量以来,地应力的研究便以测量为主在世界各地开展起来[20]。地应力测量方法按测量原理可分为3大类:以测定岩体中的应变、变形为依据的力学方法,如应力恢复法、应力解除法及水压致裂法等;以测量岩体中声发射、声波传播规律、电阻率或其他物理量的变化为依据的地球物理方法;根据地质构造和井下岩体破坏状况提供的确定主应力方向的方法[21]。目前使用较多的是应力解除法和水压致裂法。应力解除法主要用于煤炭矿井深部应力测量,在国内多个矿区获得了一批可靠的地应力资料,取得了卓有成效的研究成果[22]。水压致裂法是 20 世纪 70 年代以来迅速发展起来的方法,作为一种深部应力测量技术,首先在美国油气田中得到应用,其测量的应力是一个较大范围内的平均应力值,而不像应力解除法是一个点的应力值[23]。

水力压裂法是确定地应力常用的方法之一,该方法通过钻孔用注入泵以大排量向地下某深度处的煤层注水,累积起高压迅速将孔壁压裂并使煤层产生裂缝来对压降曲线进行分析,然后根据破坏压力、闭合压力和破裂面的方位,计算和确定岩体内各主应力的大小[24]。一般而言,常用注入/回流法测定低渗透(流体漏失量非常低)储层的裂缝闭合压力。然而,由于裂缝中当压力刚下降时闭合压力就会出现,对于漏失量较高的煤储层,用注入/回流法测试难以获得闭合压力;其次,相对于其他岩石,煤层既软且脆,在井筒周围高应力作用下很容易破碎,如果采用注入/回流法,在回流过程中就可能掉块甚至坍塌,从而影响后续钻探工程和其他测试。所以,在实际测试中都采用注入/关井的方法[25]。

3.4.1　现今地应力场分布规律

通过注入压降法测定黔西地区 1 250 m 以浅 36 个煤层地应力资料统计表明:研究区最小水平主应力梯度为 1.16~3.64 MPa/hm,平均为 2.25 MPa/hm,最小水平主应力介于 2.14~27.36 MPa,平均为 12.53 MPa;最大水平主应力梯度为 1.22~6.27 MPa/hm,平均为 3.03 MPa/hm,最大水平主应力介于 2.80~40.49 MPa 之间,平均为 17.53 MPa。织纳煤田最小水平主应力介于 2.14~17.56 MPa 之间,平均为 9.25 MPa;六盘水煤田最小水平主应力介于 6.28~27.36 MPa 之间,平均 13.90 MPa,测试结果如表 3-8 所示。根据相关判定标准(大于 30 MPa 为超高应力区;18~30 MPa 为高应力区;10~18 MPa 为中等应力区;0~10 MPa 为低应力区)[26],黔西地区整体属于中至高等应力值区。

天生桥水电站测试结果显示最大主应力方位角为 120.89°[27];而织纳煤田的比德煤矿通过应力解除法测量得到的地应力方位结果表明[28],最大主应力方向在 140.23°~179.20°之间,最小主应力方向在 230.23~269.88°之间。根据川—滇应力区和桂西地区震源机制的结果,本区最大主应力方向主要为北西至北西西向,中国现今构造应力场亦反映本区最大应力方向为近东西向,这与现场测试结果均比较接近。不同矿区地应力的不同测试结果,反映出局部应力特点,应力场可能受地形地貌、地层岩石组合、地壳局部构造等控制。最大水平主应力方向的多解性揭示了本区不同方向构造的复合叠加作用的复杂性。最大水平主应力、垂直主应力和最小水平主应力与深度的关系见图 3-23。最大水平主应力为 2.80~40.49 MPa,平均为 17.53 MPa,最大水平主应力梯度为 1.22~6.27 MPa/hm,平均为 3.03 MPa/hm;最小水平主应力为 2.14~27.36 MPa,平均为 12.53 MPa,最小水平主应力梯度为 1.16~3.64 MPa/hm,平均为 2.25 MPa/hm。

表 3 - 8　水力压裂试验结果分区统计

	煤层埋深(m)	闭合压力 (MPa)	闭压梯度 (MPa/hm)	σ_H/σ_v	σ_H/σ_h	σ_h/σ_v	探测半径 (m)
亮山	1 062.0～1 243.6 /1 139.6	23.76～27.36 /25.57	2.1～2.4 /2.2	1.03～1.32 /1.14	1.26～1.49 /1.39	0.78～0.89 /0.55	—
金竹坪	359.09～554.24 /440.62	10.40～15.68 /13.14	2.84～3.28 /3.02	1.52～1.64 /1.59	1.34～1.53 /1.44	1.05～1.21 /1.11	—
青山	292.33～771.73 /568.70	6.28～20.65 /11.27	1.16～2.86 /2.35	0.45～1.51 /0.96	0.98～1.55 /1.28	0.40～1.03 /0.76	0.13～8.64 /2.64
都格	807.89～869.48 /838.69	9.56～13.33 /11.45	1.20～1.55 /1.38	0.52～0.82 /0.67	1.19～1.44 /1.32	0.44～0.57 /0.50	2.90～8.30 /5.60
化乐	464.04～577.76 /517.52	8.09～11.75 /9.36	1.76～2.06 /1.83	0.85～1.08 /0.97	1.34～1.56 /1.45	0.63～0.75 /0.67	11.40～42.20 /29.80
洞口	431.38～736.98 /516.02	8.01～17.56 /13.72	2.10～3.64 /2.71	1.01～2.26 /1.54	1.30～1.69 /1.50	0.78～1.34 /1.00	1.23～1.82 /1.53
织金	135.90～142.78 /139.34	2.14～2.40 /2.27	1.69～1.75 /1.72	0.76～0.81 /0.78	1.30～1.31 /1.31	0.58～0.62 /0.60	9.40～10.70 /10.05

注:σ_H/σ_v,水平最大主应力与垂直主应力比值;σ_H/σ_h 为水平最大主应力与最小主应力比值;σ_h/σ_v 为水平最小主应力与垂直主应力比值;如 1 062.0～1 243.6 /1 139.6 表示为最大值～最小值 /平均值;亮山、金竹坪数据引自贵州省煤田地质局内部报告,2011。

水平应力基本随埋深增加而增大,但也存在较大的离散性,水平主应力沿着一条直线的两侧分布。最大水平应力在 - 700 m 附近,不同测点的最大水平主应力差值超过 20 MPa,最小水平主应力随埋深增加而增大的相关性较好。

最大水平主应力与垂直主应力的比值分布在 0.98～1.69 之间,平均为 1.36,其中 97%分布在 1.1～1.7 之间,表明区域范围内绝大部分地区垂直主应力为最小主应力或中间主应力。最大水平主应力与垂直主应力的比值与煤层埋深没有明显的相关性,但似乎随埋深增大,最大水平主应力值与垂直主应力值之比有趋近于 1 的趋势(图 3 - 24)。二者的比值分布在 0.98～1.69 之间,平均为 1.36。其中只有 12.5%的测试煤层比值分布在 1.0～1.2 之间(4 个),34.3%的测试煤层比值分布在 1.2～1.4 之间,比值大于 1.4 的测试煤层有 46.9%。

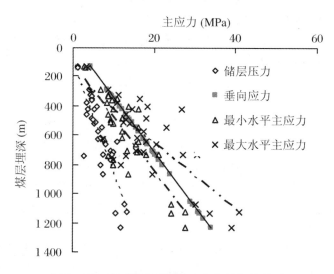

图 3 - 23 黔西地区煤层地应力与埋深的关系

定义 ε 为平均水平应力与垂直应力的比值并与霍克-布朗包线进行比较,与其反应的总体规律相似,研究区煤储层地应力 ε 值分布范围为 0.41~1.80,平均 0.92。煤层埋深小于 600 m,ε 值变化较大;随埋深增加,ε 值变化范围减小;埋深大于 1 000 m,ε 值变化范围向 1 附近集中,但规律不明显(图 3-24)。

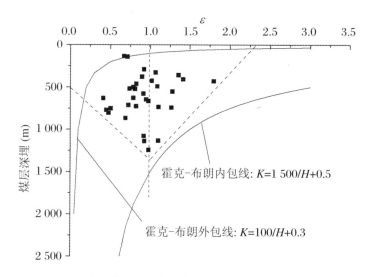

图 3 - 24 黔西地区平均水平应力与垂直应力之比与埋深关系

分别估算各个测点的最大水平应力和垂直应力,对比 3 个主应力值的相对关系,依据应力场类型划分[29,30],研究区应力测值在垂向上发生转化(图 3-25)。

1. 六盘水煤田

① 600 m 以浅煤储层地应力状态为 $\sigma_H > \sigma_v > \sigma_h$,最小水平主应力小于 16 MPa,现

今地应力状态表现为大地动力场型;② 600～1 000 m 的煤储层地应力状态转化为 $\sigma_v>$ $\sigma_H>\sigma_h$,最小水平主应值平均 12.64 MPa,现今地应力状态为伸张带,具大地静力场型特征;③ 1 000 m 以深煤储层地应力状态为 $\sigma_H>\sigma_v>\sigma_h$(4 个数据点),但主应力值与 700 m 以浅相比,均相应增大,最小水平主应力值平均为 26.57 MPa。

2. 织纳煤田

① 400 m 以浅储层地应力状态为 $\sigma_H>\sigma_v>\sigma_h$,现今地应力状态为压缩带,具有大地动力场型特征;② 400～600 m 之间各地主应力大小出现跳动,埋深小于 500 m,表现为 $\sigma_H>\sigma_v>\sigma_h$ 的趋势;在 500～600 m 之间,表现为 $\sigma_v>\sigma_H>\sigma_h$ 的趋势,暗示应力场类型可能开始向大地静力场型过渡;③ 600 m 以深煤储层地应力状态再次转化为 $\sigma_H>\sigma_v>$ σ_h(1 个数据点),最小水平主应力大于 11 MPa,但因数据点较少,图示趋势难以表明深部向大地动力场的转化。

研究区两大煤田分别在 1 000 m 和 600 m 以深地应力状态可能过渡为大地动力场型,转化为压缩带;但结合本区常规地应力状态分析,尽管深部数据点较少,且在图 3-25 (b)中可以认为 ε 值变化范围向 1 附近集中,有逐步缩小的趋势,该深度以下可能出现准静水压力状态。根据上面的分析表明,在浅部煤储层主要位于挤压或形成逆断层的应力机制中,与该区构造背景之下的板块碰撞有关,中深部应力场状态可能向静水压力状态转换,表明深度增加,自重应力增大,位于拉伸盆地或形成正断层应力机制中。

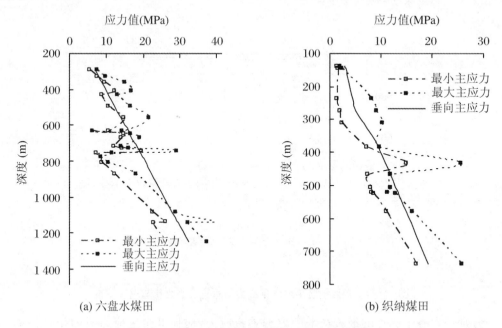

图 3-25 黔西地区应力随煤层深度变化趋势图

织纳煤田的 2 个数据引自姜永东,2011

黔西地区属上扬子板块西部边缘地区,地处中国大地构造分区的东、西部交接地带,这一特殊的地理位置,决定了这一研究区地质构造既有中国东部的北东向构造,又有西部的北西向构造,多期不同性质、不同方向构造应力的复合叠加加剧了本区构造背景和应力系统的复杂性,造就了研究区现今构造格局。先燕山时期(武陵—加里东阶段、海西—印支阶段),本区构造活动方式以南北向挤压为主,后转化为以南北向引张为主;至燕山时期,构造活动以南北向左旋直扭运动为主;至喜山期以来的新构造活动时期,构造以来自西侧地块的侧向挤压为主,表现为较强烈的断块运动,而印度板块向北正面推挤青藏板块作用力退居次要地位,应力场重新调整,由此形成了现今新构造后期应力场。这决定了黔西以近东西向为主的现今最大水平主应力方向,而各种构造体系也进一步发展、转化、新生与东西向应力要适应的新的构造体系。应力状态的复杂性是几种因素共同作用的结果,而板块运动则是造成应力状态复杂变化的主要原因。

六盘水煤田和织纳煤田整体上分别属于中—高等应力区和中等应力区,这与构造应力单元的数值模拟分区结果一致[31]。从区域分布规律看,最小地应力梯度由南西至北东向呈"马鞍"形分布,在南西端青山向斜和北西端织金矿区达到极大值,在"马鞍"形中部,都格、化乐和洞口勘探区的地应力相对较小。这揭示应力场的平面展布似乎存在如下规律:六盘水西南隅的青山—盘关向斜一带和织金矿区可能处于高强度应力场近中心地带,大地动力场强度相对较大,远离该区的中部地带(都格、化乐和洞口矿区),地应力场的控制较弱。

六盘水煤田位于黔西断块,并与滇东地区组成一个整体断块,属南北地震带范畴之内,黔西断块的新构造运动与地震活动明显比黔中断块(内含织纳煤田)强烈[31]。断块内部受基底交叉断裂控制,形成以三角形构造、菱形构造和弧形构造为组合的区域构造格局(图3-26)[32],在周缘侧压力联合作用下所产生的统一的构造应力场和变形场以及构造变形从边缘和端点部位向内部逐渐减弱,变形较强烈区则沿块体结合部位展布,由此可解释地应力强弱的地域分布。例如,青山—盘关向斜位于盘县三角形构造南西端顶角的两边上,差应力值较三角形内部大,构造变形较强,构造应力场的主体特征表现为近南北—北北东方向的挤压,应力值最大。洞口井田位于百兴三角形构造中部、化乐矿区位于百兴三角形构造偏西南、都格矿区位于水城矿区杨梅树向斜北翼,位于发耳菱形构造带中部,三个矿区均在菱形构造带或三角形构造带中部附近,差应力值最小,因而应力值偏低。而织金矿区应力值测点位于百兴三角形构造和安顺矩形构造的边部结合部位,差应力值较顶角处弱,较内部稍强,因而应力值相对青山—盘关向斜应较弱,而较构造中部应更强。根据谢富仁等(2004)对中国现代构造应力场分区结果[33],织纳煤田大部分地区位于中国现今构造应力场分区的华南主体应力区,为构造应力中—低值区,其最大主应力方向总体为北北西至北西向;西侧属于川—滇应力区,为构造应力高值区,其最大主应力方向总体为北西至北西西向。结合应力分区的数值模拟结果(图3-26),进一步对前述所得结论进行了验证。

区域应力场研究表明[34],黔西的北西向构造带和黔西南的涡轮构造带组成一个以北部紫云—水城断裂为界的三角形(覆盖六盘水煤田)插入云南境内,受南北向区域挤压应力的影响,挤压面北西至西东向滑脱形成北西至西东向的长条状构造带,使区内诸多煤层气盆地(如盘县盆地)形成于挤压的高应力背景之下,靠近西南板块相接部位和盆地边缘为受力最为强烈的地区,而远离板块相接地区和盆地中心则是相对低应力区,地应力强弱有由南西至北东向逐渐减弱的趋势。黔西区域应力场是被水平方向的构造应力场所控制,处于挤压的地应力场之中,可能受区域性南、北向顺时针直扭运动的控制,即北西向构造带的西侧为昆明"山"字形构造东翼和广西"山"字形构造的西翼联合的反射弧自南而北的被动作用力,它实际代表印支板块自南而北的俯冲力的作用,其东侧为广西"山"字形脊柱自北向南的主动作用力,实际代表欧亚板块自北向南的运动力的作用;由于受到南北向直扭力偶及其反作用力偶(东西向反时针扭动)的复合叠加作用控制,故北西向构造带的褶皱形态一般都是反"S"形[34]。在这种反"S"形的转折部位,也为应力相对集中的部位。

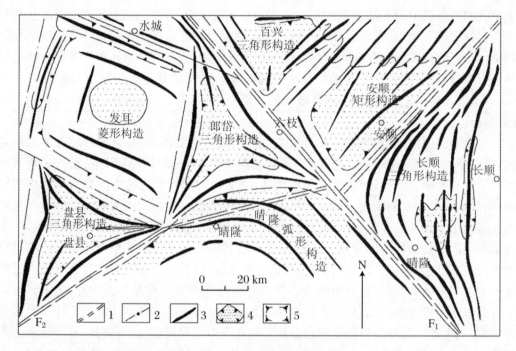

图 3 - 26 黔西构造格架示意图

(引自乐光禹等,1994,修改)

1:Ⅰ级断块边界(F₁为垭都—紫云断裂带,F₂为石阡—安顺断裂带);2:Ⅱ级断块边界;3:盖层褶皱断裂带;
4:构造盆地;5:构造隆起

现今构造应力场的形成与菱形构造、三角形构造的块内应力组合形式虽然一定程度上解释了黔西地区主应力方向及其地域差异发育成因,但是鉴于黔西地区特殊的地理位置、构造体系形成的复杂机制和区域地应力场控制的较多因素,还需要对地应力场分布及地质构造关系做更为深入的研究。

3.4.2　地应力对渗透性的控制

煤储层渗透性的影响因素十分复杂,应力状态、煤层埋深、地质构造、煤体结构、煤级和天然裂隙系统、煤岩煤质特征等都不同程度地影响着煤储层渗透性。下文仅从埋深与地应力对煤储层渗透性的控制两个方面进行研究。

1. 煤层渗透性的埋深控制效应

埋深是影响储层压力和地应力的重要因素,但不是直接控制渗透率。测试资料显示研究区煤储层试井渗透率随埋深增大而以负幂指数规律减小,但关系较为离散(图 3-27)。

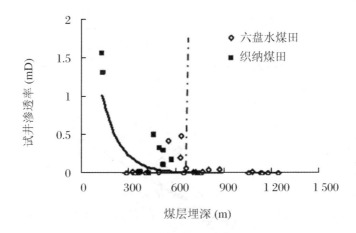

图 3-27　煤储层渗透率与其埋藏深度关系

六盘水煤田范围内,在煤层埋深约 600 m 处,试井渗透率出现转折点;埋深小于该值时渗透率变化范围较大;大于 600 m 时,煤层试井渗透率值绝大多数低于 0.05 mD;埋深超过 1 000 m 时,渗透率低于 0.01 mD,储层以特低渗透率为主。该区块煤层试井渗透率普遍较低且与埋深相关性差。

织纳煤田范围内随着煤层埋深减小,试井渗透率有增大趋势,揭示该区煤层埋深增大致使垂直应力增高是试井渗透率降低的重要原因;测试数据显示在埋深 450~600 m 之间较浅处渗透率大幅度增加,均大于 0.1 mD;埋深大于 600 m 时,渗透率再次减小至 0.001 mD 以下。

结合应力场转换状态,表明随埋深增大,上覆岩柱垂向应力的控制作用逐渐占据主导地位,渗透率的降低指示大埋深条件下的煤层气地面开发难度极大。煤储层试井渗透率在不同深度出现转折点与前述地应力场类型与状态在对应深度发生转变点基本一致,揭示在不同构造区域的地应力差别较大,不同深度地应力状态转变是制约煤储层渗透率的重要地质原因。

图 3-27 进一步表明,较低的试井渗透率主要分布埋深范围为 500 m 以浅和 1 000 m

以深。其中,埋深小于 500 m 条件下的较低渗透率值主要分布在六盘水煤田青山向斜和织纳煤田织金区块,两地区均主要受控于浅部以水平地应力为主的高应力场效应,埋深对渗透性的影响较弱;埋深大于 1 000 m 的较低渗透率值集中在六盘水煤田南西端盘关向斜,渗透性较差与煤层较大埋深条件下应力场类型的转变作用有关,其实质是深部静岩压力下可能出现的准静水压力场控制了该区的特低渗透率分布。织纳煤田洞口勘探区两测试煤层(埋深分别为 135.90 m 和 142.78 m)的试井渗透率均大于 1.0 mD,在普遍低渗情况下异常偏高,这与其所处的背斜轴部较大构造曲率有关:当地层发育褶皱或隆起时,有效应力降低致使裂缝张开,有利于提高煤层渗透率。煤储层渗透性与其埋藏深度之间的关系,实质是地应力对渗透率的控制[24,35-36],均可追踪至地应力控制及其构造成因。

煤储层压力与煤层埋藏深度成线性关系(图 3 - 28),其关系式为

$$p_0 = 0.01h - 0.015\ 2$$

图中,统计数 N 为 32;相关系数 R 为 0.865 2。

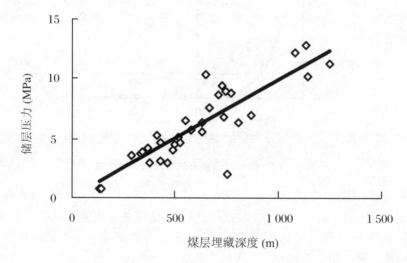

图 3 - 28　煤储层压力与埋藏之间关系

随储层压力增大,煤储层试井渗透率随之减小(图 3 - 29)。煤储层压力与渗透率同时受埋深控制,储层压力低于 6 MPa(对应煤层埋深约 600 m)时,渗透率变化极大;储层压力 6~7.5 MPa(对应煤层埋深 600~750 m)时,渗透率均在 0.05 mD 左右变化;储层压力大于 7.5 MPa 时,渗透率均在 0.02 mD 以下。煤储层压力对渗透率的影响是通过有效应力的变化来影响煤储层渗透性。埋深增大,上覆地层的重力对裂隙增压效应强,随有效应力增大,储层裂隙趋于闭合,导致渗透性降低(图 3 - 29,图 3 - 30(c))。根据 Darcy 定律,储层压力并非渗透率大小的控制因素,实质是控制储层渗流能力的必要因素。不同的压力差决定了储层的渗流能力不同。储层压力与试井渗透率相关性较弱也表明了这一点。

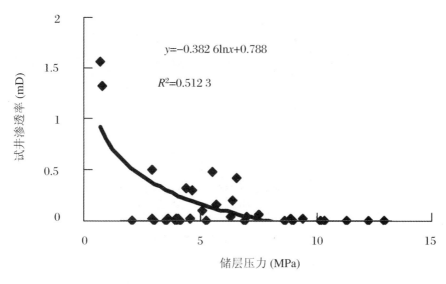

图 3 - 29　煤储层试井渗透率与储层压力之间关系

2. 煤层渗透性的地应力控制

研究区试井渗透率数据统计分析表明,试井渗透率随着地应力的增加有逐渐减小的趋势,这与前人的研究结果大体一致。六盘水煤田多数煤层的试井的渗透率低于 0.1 mD,个别在 0.2～0.5 mD 之间,渗透率与地应力关系不明显;但在织纳煤田,二者显示出良好的幂指数关系(图 3 - 30)。这充分说明,不同构造单元的现代构造应力场与其所处褶曲与断裂位置有着密切关系,其受区域性影响比较大,构造应用力呈现出明显的空间不均一性特征,从而直接影响了煤储层渗透率。根据该区构造格局,织纳煤田和六盘水煤田分属于黔中断块和黔西断块,前者新构造运动与地震活动较后者明显偏弱;盘关—青山向斜测试井基本位于黔西断块内部基底断裂控制的三角形构造边缘上,构造变形强烈,可能是该区域试井数据整体偏低且相关性差的主要原因;而在六盘水煤田北端与织纳煤田的测试井基本位于三角形构造、菱形构造、矩形构造内部或边缘结合部,构造变形相对较弱,测试数据在整体上反映出较好的相关性。当最小主应力大于 12 MPa 时,试井渗透率普遍小于 0.01 MPa,主要是受深部地应力状态控制,揭示高应力对煤储层渗透性的主导控制作用。较高应力作用下,煤储层裂隙系统趋于闭合且不能有效连通,渗流通道减少,渗透率下降。当最小主应力小于 12 MPa 时,随应力值减小,织纳煤田煤储层试井渗透率具有逐渐增大的趋势,但在六盘水煤田表现趋势较弱,与其所处黔西断块的具体构造位置及其控制的浅部大地动力场较强有关。从有效应力与渗透率的关系来看,二者相关性较差,表明有效应力对渗透性的控制不明显。

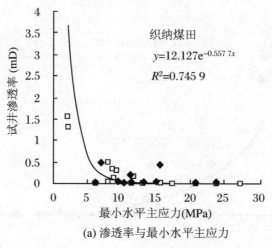

(a) 渗透率与最小水平主应力

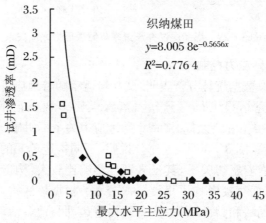

(b) 渗透率与最大水平主应力

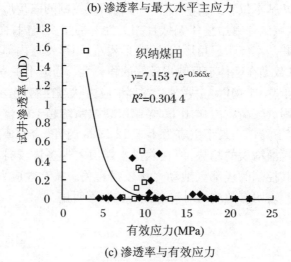

(c) 渗透率与有效应力

图 3-30 煤储层试井渗透率与地应力的关系

结合单井具体位置(图 3-31)分析:盘关向斜和青山向斜的绝大部分测试煤层渗透率极低(埋深 292.22～1 243.60 m),这与诸钻孔均位于盘县盆地边缘,为断块受力最为强烈的地区,受构造变形影响较大具有成因联系。该区上二叠统煤体结构发育特点也表明了这一点。保田青山区块施工钻孔显示,各煤层煤体结构均比较破碎,煤层自下而上均以构造煤结构占绝对优势,表现为碎块状、粉状、鳞片状等。水城都格 S_1 孔位于杨梅树向斜北翼,附近无大的构造断裂带,测试煤层埋深平均为 838.69 m,平均试井渗透率较高,为 0.045 mD,表明不受局部构造控制,反映了正常应力和埋深条件下的煤储层渗透性。比德向斜化乐 Z_3 和 Z_2 孔位于紫云—垭都断裂带附近,两孔数个煤层的平均渗透率分别为 0.37 mD 和 0.14 mD。较高渗透率可能与后期断裂活动致应力释放裂隙较为发育有关,渗透率在附近相对较大。纳雍洞口 Z_1 孔位于加戛背斜轴部附近,测试煤层的平均试井渗透率为 1.436 2 mD,平均煤层埋深 139.34 m。该孔位于构造高点,埋深较浅,较高的渗透率与背斜轴部受力拉张,具有较高的构造曲率值以及裂隙相对发育有关。Z_4 井和 Z_5 井分别位于珠藏向斜和三塘向斜一翼,试井煤层埋深不超过 740 m,3 个煤层试井渗透率平均为 0.006 mD。区域附近无大的构造断裂带,改造作用相对较弱,主要反映了区域地质大构造背景下浅部构造应力对渗透率的控制。然而,该区位于华南中低值应力区,且该区煤层煤体结构多表现为原生结构煤和碎裂煤,较盘关青山地区相对完整,揭示本区应表现出相对较低的应力分布和相对高渗透率,但这与测试煤层所得的高应力值与极低渗透率不符。织纳煤田普遍以高煤级无烟煤为主,而六盘水煤田广泛分布着挥发性相对较高的中煤级烟煤,前述这种相悖关系是否与煤岩煤质及其自身裂隙发育特征有关联,尚待进一步探讨。

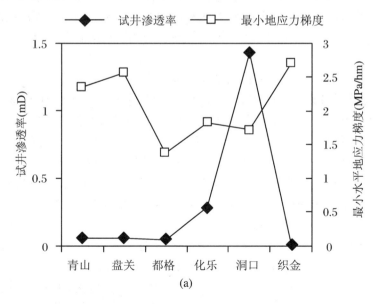

图 3-31　煤储层试井渗透率与最小地应力梯度关系及其平面位置示意图

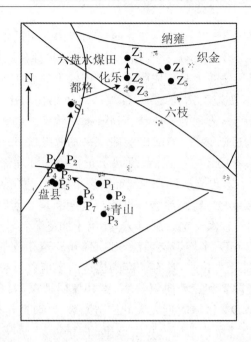

图 3 - 31　煤储层试井渗透率与最小地应力梯度关系及其平面位置示意图(续)

从地域分布看,煤储层试井渗透率由南西至北东向有逐渐增大趋势,至洞口矿区达最大值,至织金地区试井渗透率又突然降低;最小地应力梯度变化与之基本呈相反趋势,并呈"马鞍"形分布,在黔西南西和北东端较高,而在中部地区相对较低(图 3 - 31)。地应力高值分别分布于六盘水煤田西南隅盘关—青山向斜和织纳煤田织金矿区,与之对应,试井渗透率较低值也集中分布于这两个地区;而在"马鞍"形中部的都格、化乐、洞口勘探区煤储层显示了相对较高的渗透性和较低的地应力值。两者的变化关系表明应力场分布有如下规律:

① 青山—盘关向斜和织金矿区可能位于局部高强度地应力场近中心地带,距离此区越近,应力对煤储层渗透性的控制效应越明显,煤储层渗透性越差;远离该区,地应力场的强度减弱且对煤储层渗透性的控制效应减弱,煤储层渗透性相对较好。

② "马鞍"形中部,即在六盘水煤田北部的水城矿区和织金矿区南西端受应力场控制的强度较弱,煤储层渗透性相对较好,在一定深度范围内具有高渗透性煤层发育潜势。

位于盘县矿区和织金矿区之间的六枝矿区,由于没有测试点,难以反映地应力值大小和煤储层渗透性,但据钟玲文(2004)统计,六枝矿区煤体结构破坏严重,以碎粒煤和糜棱煤为主,这可能是高应力场的反映。

现代应力场的大小与方向控制已有裂隙系统的开启程度,后者又与渗透率密切相关;同时,高应力使煤体发生明显的弹塑性形变,煤体挤压破碎使孔裂隙压缩或闭合,裂隙通道堵塞或切断,而埋深对渗透性的影响的本质又是地应力的控制。根据谢富仁等(2004)对中国现代构造应力场分区结果[33],织纳煤田主体位于中国现今构造应力场分区中的华南主应力区,为构造应力中、低值区;西侧属于川—滇应力区,为构造应力高值区。

受印度板块向北碰撞欧亚大陆和西侧地块的侧向挤压和喜山期以来的来自西侧地块侧向挤压的影响,黔西区域应力场是被水平方向的构造应力场所控制,处于挤压的地应力场之中。靠近西南板块相接部位和盆地边缘(即盘关—青山向斜)受力最为强烈,远离板块相接地区及盆地中心则是相对低应力区,地应力有由南西至北东向逐渐减弱的趋势,至六盘水盆地北部(六枝、水城一带)和织纳矿区西南部应力相对减小,高渗透性煤层可能发育,而织金地区实测煤层低渗值也可能与煤岩煤质有关。

第4章 煤层气开发工艺技术的地质适配性

4.1 煤层气开发工程基础

煤层气主要以吸附态和游离态两种相式赋存于煤储层中,在一定温度和压力下,两种相态处于一种动态平衡状态。煤层气开发通过抽采煤层及上覆岩层中的地下水,降低煤储层压力,形成煤层气流动的动力,使煤储层中的甲烷气解吸释放出来。煤层气产出过程是解吸、扩散和渗流三个相互联系的过程,一般情况下,解吸作用符合 Langmuir 定律,扩散作用符合 Fick 扩散定律,渗透作用可以用 Darcy 定律描述。

在煤层气开发模式上,基于抽采目的、抽采条件、抽采方法和抽采对象的不同,煤层气开发主要分为煤矿井下抽采和地面钻井开发两大类。煤矿井下抽采模式的原理在于煤层采动后破坏了岩石的力学平衡,使煤层卸压,为继续保持压力平衡,煤层中的煤层气解吸出来,被井下抽放管路抽出。这种方式与煤炭开采关系密切,要求必须确保煤炭开采正常接替,但受矿井通风和井下条件限制,开发的煤层气浓度低、质量差、利用难度大、难以满足煤层气资源化利用的要求。井下抽采模式虽然不存在对地质条件的具体要求,但是复杂地质条件下仅采用此模式难以满足井下安全要求,也不易形成规模性开发。煤层气地面开发模式要求通过地面排水采气,通过对排采制度的精细调整,将煤层气源源不断地抽出。但受煤储层条件和煤层气赋存环境条件的诸多限制,特别是受煤储层低渗、低压、低饱和度等地质条件制约,煤层气地面开发方式受到煤层气开发有利区块的限定,大大缩小了其应用范围。

在煤层气开发技术尺度上,煤矿井下抽采模式可依据抽采对象、抽采方法和抽采时序等划分为不同的井下抽采技术,在不同矿区、矿井,要根据技术适配性和地质、采矿特点进行选择。地面钻井开发模式又进一步分为直井压裂开发技术、水平井开发技术、采动区地面井抽采技术、裸眼(洞穴)完井技术等。煤层气开发技术受所在地区地形条件、地质条件、经济与外界环境的影响,但在各种因素中,地质条件是内在因素,不同开发技术需要有不同的地质条件与之相适应。

直井压裂开发技术是目前煤层气的主要开发方式,工艺成熟、投资成本低、易形成规模效益。该技术要求煤层厚度大且稳定、煤层含气量和渗透率较高、构造相对简单,而对低渗透率、构造煤极为发育地区的适配性较差。

水平井开发技术包括单分支水平井、多分支水平井、羽状水平井和连通井等多种形式,其显著优点是具有较大的控气面积,煤层气井产能高,对地形的适配性较强。但这类煤层气开发技术对地质条件要求高,对煤层不稳定、煤层厚度小、煤体力学强度低的地区适配性较差,且工艺技术复杂,钻井费用高。

采动区地面井抽采技术使用的是由地面向煤矿采动区施工的煤层气井形式,具有工艺简单、无需压裂、产气量高、适应构造煤发育煤层等较多优点,但受煤炭采掘部署与进度的影响,仅能部署在工作面采动地区,控气面积小、抽采时间短,同时受采动制约,井孔容易发生破坏。

裸眼(洞穴)完井技术无需压裂工艺,在美国粉河盆地、圣胡安盆地等地区产气效果非常好,但仅适合于煤层厚度大、煤体强度大、渗透率和含气量均较高的地区,而在低渗透、薄煤层、构造煤发育的地区均难以适应。

在煤层气开发工艺尺度上,煤层气开发技术主要包括钻井工艺、固井工艺、压裂工艺和排采工艺。钻井工艺的选择受地层组合类型、地层压力剖面、岩层力学强度、煤储层埋深等多种因素的制约。煤层气钻井难以克服井漏、储层伤害、煤层坍塌等工程难题,而采用欠平衡钻井技术则可能减少对煤层的伤害;固井所用的水泥浆易于侵入煤层,形成储层伤害,而低密度水泥浆虽然一定程度上消除了水泥浆在煤层中的侵入,但容易影响固井质量,影响压裂施工。水力压裂包括煤层气压裂裂缝的形成和支撑剂对压裂裂缝的有效支撑两个关键要素。由于水力压裂是在地下煤层三维空间进行的,地应力场大小和方向、煤层及顶底板力学性质、煤储层物性的差异均会对压裂效果产生影响。不同的压裂工艺及施工措施对储层条件和地质条件适配性也均不一致,不同地区或不同的开发条件下,煤层气井的压裂效果也会有较大差别。煤层气的排水降压决定了煤层及上覆岩层富水强度对排采制度的确定影响极大,煤层含水性强或与含水层沟通,形成较强的供液能力,煤储层压力就很难降低,需要增大排采强度;若煤层富水性弱,且与含水层不存在水力联系,则煤储层压力难以传递。排采制度需要依据不同的煤储层含水性、煤层与含水层的水力联系的强弱、煤储层渗透性等因素具体确定。

4.2　开发工艺技术的地质制约

如何有效、高效开采煤层气,需明确合适的工艺技术。工艺技术是否适用,则需明了运用不同技术工艺的主要地质制约条件。为此,本节进一步筛选煤层气开发工程技术的关键地质制约条件,揭示地质条件与工程技术参数的相互关系,进而为建立煤层气开发工艺技术评价提供基础。

4.2.1 煤层群发育特征对开发工艺的影响

煤储层在三维空间上的展布形式由煤层层数、煤层厚度、煤层稳定性、煤层结构等特征共同组成,是构成煤层气控气系统中的重要地质因素。煤层几何展布特征是煤层气勘探开发选型选层的一个重要指标,也局限了煤层气井的压裂、排采工艺的应用范围。

1. 煤岩层发育类型

充分认识煤层群发育特征,并进行精细定量描述,以煤层群的思路开展贵州省煤层气勘探、储层改造与试验抽采,打破传统单一煤层合采,可为南方多煤层发育地区的煤层气勘探开发开辟新的视角。根据煤层厚度划分方案,采用地下开采方式时,煤层厚度小于 1.3 m 的为薄煤层;煤层厚度在 1.3～3.5 m 之间的为中厚煤层,煤层厚度大于 3.5 m 的为厚煤层(表 4-1)。根据煤层群发育特点,选取煤层厚度、煤层层数、煤层间距 3 个参数对贵州省煤层群发育特性进行表征。

表 4-1　煤层按厚度划分

煤　层	露天开采	地下开采
薄煤层	<3.5 m	<1.3 m
中厚煤层	3.5～10 m	1.3～3.5 m
厚煤层	>10 m	>3.5 m

基于对研究区煤层群特征的研究,根据其煤层厚度、煤层间距不同,对比图 4-1 可以认为研究区内煤层群可以分为 7 种形式:

(1) 中距离薄煤层群

煤层一般发育 3 层以上,且各个煤层厚度小于 1.3 m,但超过煤层可采厚度(一般为 0.6 m),煤层间可含不可采煤层或夹矸;相邻可采煤层间距在 10～60 m 之间。

(2) 中距离中厚煤层群

煤层一般发育 3 层以上,煤层厚度在 1.3～3.5 m 之间,煤层间发育有不可采煤层或夹矸;相邻可采煤层间距在 10～60 m 之间。

(3) 中距离薄—中厚煤层群

煤层一般发育 3 层以上,煤层厚度在 3.5 m 以下,分布有不可采煤层(厚度小于 0.6 m)和薄煤层(厚度在 0.6～1.3 m 之间),相邻可采煤层厚度在 10～60 m 之间。

(4) 近距离薄煤层群

煤层一般发育 3 层以上,煤层厚度小于 1.3 m,中间或含有不可采煤层和夹矸,但相邻可采煤层的层间距应小于 10 m。

(5) 近距离中厚煤层群

煤层一般发育 3 层以上,煤层厚度在 1.3～3.5 m 之间,各可采煤层间距小于 10 m,

中间或发育有不可采煤层。

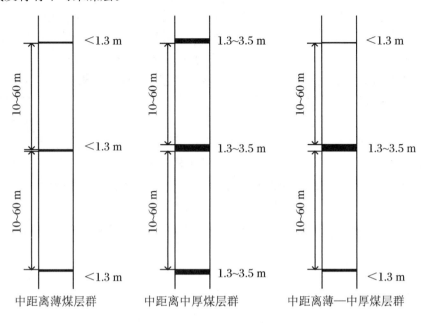

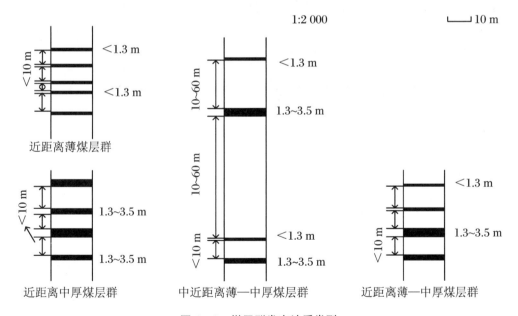

图 4 - 1　煤层群发育地质类型

（6）中近距离薄—中厚煤层群

煤层一般发育 3 层以上,邻近可采煤层间距(含薄煤层和中厚煤层)在 10～60 m 或小于 10 m;煤层厚度在 3.5 m 以下,有一个或多个薄煤层或中厚煤层,中间或发育数个不可采煤层。

（7）近距离薄—中厚煤层群

煤层一般发育3层以上，邻近可采煤层间距（含薄煤层和中厚煤层）在10 m以下；煤层厚度在3.5 m以下，有一个或多个薄煤层或中厚煤层，中间可以发育数个不可采煤层。

煤层群发育模式给出了研究区煤层群发育可能存在的7种形式，而对于远距离煤层和厚煤层条件下的煤层群发育模式，鉴于研究区极少发育，本书并未给出。然而，煤层群发育形式是在相邻煤层厚度和煤层间距的条件下划分的，没有考虑煤层发育的纵向沉积序列。因此，在某一具体的沉积阶段，煤层群可能表现为单一的近距离薄—中厚煤层群、近距离薄煤层群或近距离中厚煤层群等，但在整个含煤岩系中又可能表现为中近距离薄—中厚煤层群、中距离薄煤层群等形式。即如果只考察研究区龙潭组下段煤层分布状况，可能仅表现为近距离中厚煤层群，但如果对整个龙潭组煤层分布情况进行研究，则可能表现为中近距离薄—中厚煤层群形式。

含煤岩性具有良好的生气物源、储集空间、聚集动力等有利条件，煤系地层中具有多种矿产资源的共生组合与共产潜力，除煤层气之外，还包含有页岩气和致密砂岩气等。如果地质条件配置有利，煤系本身及其上覆地层能够形成具有工业开发价值的致密砂岩气和页岩气藏。以煤层为目的层的煤层气勘探开发单井产量往往较低，综合勘探开发煤系非常规天然气是提高煤层气开发效益的重要途径。以海陆过渡相为沉积背景的黔西诸含煤盆地，龙潭组地层形成陆源碎屑岩夹碳酸盐岩的含煤混合沉积，富含有机质黑色泥、页岩层，为非常规气的形成提供了雄厚的物质基础。煤系地层非常规气共生在理论上应该有一定的普遍性，且共生成藏具有良好的勘探显示。阿弓向斜2051孔在钻至425.89 m时，泥质砂岩喷气；盘关向斜249孔钻至146.37 m时细砂岩也喷气，显示了砂岩游离气的存在[37,38]；水城格目底向斜和盘县亦资孔向斜井喷气体贡献率（统计资料）显示[39]，产于砂岩的占50%～60%，产于煤层的占75%，产于其他岩类（粒砂岩、硅质岩、泥岩等）的占25%，证实了非煤储集层也含气。

以煤层为对象，同时兼顾煤系其他含气储层，考查煤岩层共生组合形式可为储层可改造性和改造方式提供重要依据。为此，本书进一步考查了煤层及其上下岩性组合方式，初步形成煤岩层共生组合发育模型。根据钻孔岩心以及实测剖面资料判断，含煤岩系岩性以陆源碎屑岩、泥岩和煤层为主，其中，砂岩类有含砾砂岩（砾状砂岩）、粗砂岩、中砂岩、细砂岩、粉砂岩等；泥岩类有泥岩、炭质泥岩、粉砂质泥岩、泥质粉砂岩、铝土质泥岩等。依据岩相组合特征和含煤性，可将贵州省晚二叠世含煤地层煤岩层共生组合模型分为以下4种主要类型（表4-2）。

表 4－2　贵州省晚二叠世含煤地层岩相组合类型[17]

序号	例图(m)	岩相组合	含煤性	简单描述
B	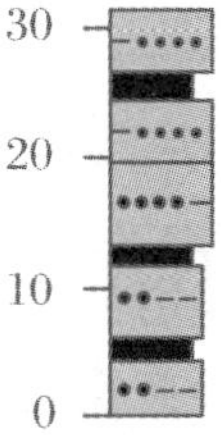	泥质粉砂岩＋煤＋粉砂质泥岩	含煤性较好,煤层层数较多,夹矸较多,总厚度大单层厚度较小,厚度变化较大,横向连续性好	灰色泥质粉砂岩、粉砂质泥岩,水平层理,岩层面分布植物叶部化石;煤中见植物根茎化石
C	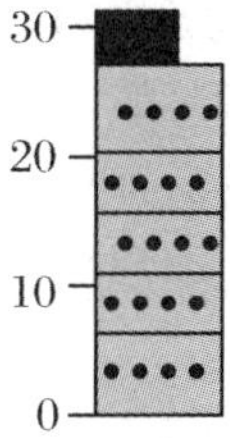	厚层状细砂岩＋厚层煤	含煤性较好,煤层厚度较大,为主要可采煤层,结构简单	浅灰色细砂岩,发育板状和大型槽状交错层理,含少量植物碎屑;煤中见含根化石
D	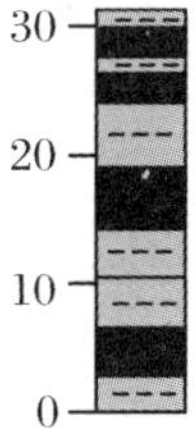	厚层状泥岩＋厚层状煤	含煤性较好,煤层层数很多,横向连续性较差,煤层厚度较大,一般 2～5 m	灰黑色泥岩,水平层理,含炭化植物碎片;煤呈单一结构,上部泥质较多
E	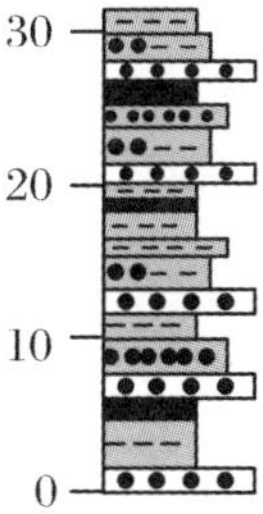	薄层泥岩、粉砂岩、细砂岩＋薄煤层	含煤性一般,煤层层数很多,横向连续性较差,煤层厚度较小,一般小于 1 m,少见厚度大于 5 m 的厚煤层	含煤段为深灰色、黑灰色泥岩或粉砂岩与薄层的煤层互层,中间夹灰色中厚层状细砂岩

2. 压裂与排采工艺的储层制约

　　研究区煤层群发育的一个关键特点是煤系地层厚度大,煤层可采系数低(0～14.9%),累计厚度 10～50 m 的煤层不均匀地分布在 200～800 m 的煤系地层中,纵向上分布松散。这一特点使得采用煤层气压裂直井开采方式存在约束性,但也可能成为煤层气直井多层压裂排采的优势。美国黑勇士盆地主要煤层有 5 层,单层最大厚度约 2.4 m,由于煤层间距小且多成组出现,因此采用多层压裂排采,使得厚度小于 0.3 m 的煤层仍然成为煤层气的产层[40]。在煤储层厚度较小情况下,为尽可能提高煤层气产能,要选择多个煤层进行压裂。但如果煤层间距过大或煤厚过小,层数过多,往往不利于压裂方式选择和合层排采。煤层厚度小于 0.6 m,隔层厚度大于 10 m,煤层组合大于 4 层,跨度大于 20 m,即难以实施有效压裂。

3.煤层气井井控面积的层数与厚度制约

如前所述,研究区煤层层数普遍较多、累计厚度大,但又存在单层厚度偏小、层间距不均的特点。可采煤层总厚平面分布不均一,单层均厚普遍介于 1.0~1.8 m 之间(图4-2),薄至中厚煤层均有发育,煤层分叉、尖灭、合并等并存,这种煤层几何特征变化的不均一性造成了资源量的极分散分布。煤层单层厚度偏小且分布不均使得直井试井压裂煤层难以筛选,水平井开采的优势无法得到发挥;纵向上煤层群发育特性采用现有煤层气开发技术难以全部开发,只能优选一至数个煤层单独抽采;煤层众多但区块之间目的煤层可能不同,单一气井的不同煤层测试、压裂数据在相邻区块即可能不再适用;煤层平面与地形条件的"鸡窝"状展布使部署井网也只能随煤厚的变化而呈现出不连续的"鸡窝"状分布趋势[41];煤层总厚与含气量大,但单层资源量分散,丰富的煤层气资源"可见难取",必然造成开发过程中煤层气资源量的极大浪费。

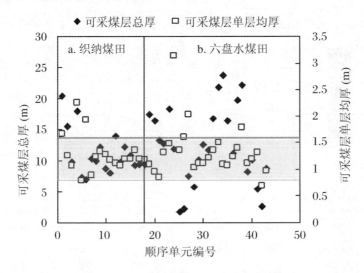

图 4-2 可采煤层总厚与单层均厚对比

4.2.2 煤体结构与井壁稳定

煤体结构是影响煤层气开发成败的重要因素之一,不论是直井还是定向井,都可能存在由于煤体结构差异而导致的井眼失稳[42]。尽管井壁稳定问题归根结底是力学问题,但煤层性质则是煤层井壁失稳的客观内在原因,煤岩本身裂隙结构、力学性质是影响煤体易失稳的主要地质因素[43],在局部高应力场作用下,煤岩强度会遭进一步破坏。研究结果表明,构造煤的抗拉、抗压强度远远小于原生结构煤,单轴抗压强度仅为原生结构煤的1/3[44]。直井钻进过程中钻井液循环冲击,产生抽汲及激动压力促使较完整的煤岩体强度进一步弱化,煤块破碎,产生掉块乃至坍塌。定向水平井的煤层水平段稳定性问题更为突出,其失稳与煤体本身性质有关,对明确地应力方位、地层压力剖面和钻井液性质[45]提出了更高要求。原生结构煤情况下,煤层稳定性与地应力大小方位确定和钻井液性质关系较大;如为构造煤发育煤层,则可能煤体本身的结构和力学性质对稳定性的影响居主导地位,同时兼顾考虑地应力方位与使用合理密度钻井液。

煤体结构类型表达的是相应煤体破坏程度,构造煤发育导致的井壁不稳定的实质是煤体结构完整性被破坏降低了煤岩强度,这是一个煤体强度的定性概念。在关注煤体结构对井壁稳定影响的同时,为了更进一步表达煤岩强度对井孔稳定性的影响,可采用坚固性系数(f)作为定量表征煤体强度的相对指标。

图4-3所示为汤友谊(2004)对淮南煤田C13-1煤层不同煤体结构类型煤样坚固性系数进行测定的结果。结果表明,原生煤结构与碎裂煤之间,碎粒煤与糜棱煤之间,f值域重叠、交叉较多;而碎裂煤与碎粒煤之间仅有少许重叠。这指示出碎裂煤中存在着部分强度较高的煤类,其坚固性系数与原生结构煤相比,差别不大,即煤体强度下降并不显著;由碎裂煤到碎粒煤时,煤的坚固性系数下降较多,煤体强度损失显著增加。研究成果揭示,不同煤体结构类型坚固性系数有局部叠加,水平井对强度的要求存在一个阈值,仅以煤体结构对井孔稳定表征并不全面,进行水平井的层位优选时可能漏掉部分可选煤层,某些碎裂煤和碎粒煤发育的煤层可能满足水平井施工的煤岩强度条件。

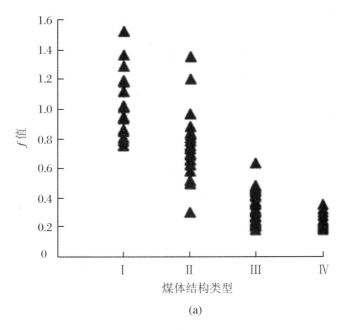

(a)

图4-3　不同煤体结构类型煤的坚固性系数

(汤友谊等,2004)[46]

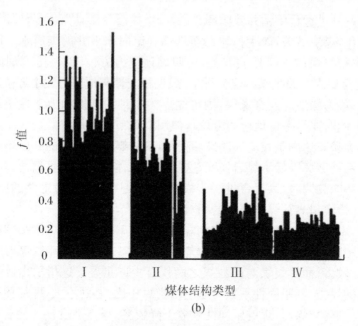

图 4-3　不同煤体结构类型煤的坚固性系数(续)

(汤友谊等,2004)[46]

研究区内煤体结构制约条件极为显著。六盘水煤田诸盆地上二叠统煤层煤体结构一般均为碎块状、块状,较大厚度煤层的煤体结构则为粉状、鳞片状[47]。保田青山区块施工的 4 口煤层气参数井煤心观测数据支持了上述结论(表 4-3)。煤心现场观测显示:龙潭组煤层总体上破坏严重,原 3 号、9 号、12 号、20 号、23 号、24 号煤层个别钻井显示煤层较完整外,其余煤层结构均比较破碎,从原生结构煤到糜棱煤均有分布。煤层自上而下均以构造煤结构占绝对优势,这种条件下选择水平井施工工程风险极大,而以常规直井开发,力所能及地避开整层糜棱煤,结合煤厚等参数,首选原生结构煤及碎裂煤,优选碎粒煤,实施规避糜棱煤分层压裂、近距离煤层合层压裂,能提高工程稳定性和开发成功率。

表 4-3　六盘水煤田煤层气参数井钻与煤层现场煤体结构描述

煤层	ACE-MY01 井	ACE-MY02 井	ACE-MY03 井	ACE-ZY04-1 井
3	块状—碎块状		块状	上部块状,下部碎块状夹粉煤
5^{-1}	块状—碎块状		块状、碎块状	
5^{-2}	块状—碎块状			
9			块状	
12	块状夹碎块状	块状、碎块状	块状	碎块状,夹少量粉煤

续表

煤层	ACE-MY01 井	ACE-MY02 井	ACE-MY03 井	ACE-ZY04-1 井
17^{-1}	碎块状、粉粒状	上部碎块状,下部粉粒状	粉粒状	多数粉状,煤层顶底部少量碎块状
17^{-2}	煤层顶底碎块状,中部粉粒状	碎块状,下部粒状	粉粒状	
19	上部粉粒状,下部碎块状夹粉粒状	块状、碎块状夹粉粒状	粉粒状为主,顶底部为碎块状	多数粉状,少量碎块状
20		块状		
21	顶底部碎块状,其余粉粒状			
23	块状	块状、碎块状	碎块状、粒状	
24		块状		
26	块状、碎块状	粉粒状夹碎石状		多数为粉状,顶底块状、碎块
27				碎块状、块状
28	块状、碎块状	碎块状	块状夹碎块状	
29^{-1}	碎块状	碎块状夹少量块状	块状、碎块状	多数碎块状、块状,少数粉状
29^{-2}	碎块	碎块状夹少量粒状	块状夹碎块状	
30		块状、碎块状		

　　织纳煤田煤体结构整体分布以原生结构煤和碎裂煤为主,部分地区煤层可见碎粒煤和糜棱煤。但是在煤层分布上段埋深较浅、厚度较大且光亮煤发育的 6 号煤层较大程度地受到构造破坏,统计勘探区内该煤层以碎粒煤—糜棱煤为主。煤体结构类型如表 4-4 所示,从煤体结构的单一因素考虑 6 号煤层极不利于煤层气的开发,对水平井可能造成井壁的垮塌、卡钻或埋钻等事故;而对开发直井,如采用清水钻进,在钻遇 6 号煤层后,有可能也会发生煤壁垮塌。2 号、7 号、20 号、21 号、27 号、35 号煤层以碎粒煤为主,或以碎粒煤间杂分布;矿区的另外一主要可采煤层 16 号煤层具有较好的物性条件,为细—中带条带状,煤体结构以原生结构煤为主,少量碎裂煤,偶见碎粒煤,有利于煤层气的渗流和地面常规开发;其余煤层原生结构保存总体完好。关寨向斜关寨勘探区各煤层煤体结构受构造破坏最为严重,碎粒煤发育煤层所占比例较大(包括主要 6 号煤层),其次为碎裂煤(16 号煤层)和原生结构(14 号煤层),这一纵向上的分布对区内的井型优选及煤层气的渗流产出不利。

表4-4　织纳煤田部分勘探区可采煤层煤体结构

煤层	煤体结构类型							
	五轮山矿区	三坝普查区	开田冲详查区	大冲头勘探区	阿弓北详查区	文家坝详查区	红梅勘探区	关寨勘探区
2		I - II	III - IV	I				
5	I - II	I - II						
6	III	III	III	III - IV	III - IV	III - IV	III	III
7		I				II - III		
14	I	I			I	I - II		
16	I	I - II	I - II	I	I	I	I	II
17							I	
20			II - III					
21						I - II		III
23								
27		I		I	II	I	I	III
30				II				
32	I					II	I	I
35		I						III

注：Ⅰ. 以原生结构煤为主；Ⅱ. 以碎裂煤为为主；Ⅲ. 以碎粒煤为主；Ⅳ. 以糜棱煤为主。

4.2.3　弱含水煤层赋水特征与排采控制

煤层气勘探开发的机理是排水、降压和采气,这一过程始终离不开地下水动力条件。影响煤层气排采的煤层气水动力条件主要包括煤层气开采有关的主要含水层条件(水力联系,隔含水层状况及其补给、径流、排泄和水化学特征)和顶底板岩层的水文地质条件(顶底板的储水性、渗透性以及和煤层的连通程度)及其储层自身水文地质条件(煤层的储水性、渗透性和原始水头)。如果水文地质条件复杂,一方面可能导致钻进及压裂过程中泥浆和压裂液的漏失,致使施工困难或压裂改造效果差;另一方面,目标煤层的压裂可能贯穿上下岩层或连通断层,从而可能沟通邻近水层,导致排水降压困难;而如果含煤地层富水性十分微弱,排水降压技术可能又无法有效实施。因此,合适的地下水动力条件对排采作业而言具有重要意义。

六盘水煤田与织纳煤田总体水文地质特征类似(表 4-5 和表 4-6),含煤地层为富水性弱的碎屑岩地层,与上覆的中—强岩溶含水层之间有隔水能力较好的飞仙关组地层相隔,与下伏的茅口组强岩溶含水层之间有峨眉山玄武岩组地层相隔,且因断层带一般阻水性强而不构成水力联系的通道,煤层与强含水层及地表水之间没有直接水力联系。

表 4-5　水城矿区发耳片区地层水文地质特征

地层单位		地层	水文地质特征	富水性
第四系		Q	泉水流量在 0.05～0.28 L/s 之间,动态严格受季节控制	透水性强
三叠系	永宁镇组	T_1yn^3	灰岩夹泥、砂岩;流量 1～4.5 L/s;岩溶裂隙水;HCO_3^-— Ca^{2+} · Mg^{2+} 型	富水性中等
		T_1yn^2	泥灰岩;一般流量 0.03 L/s 左右	富水性弱
		T_1yn^1	灰岩及白云质灰岩;流量 0.14～4.54 L/s;岩溶裂隙水;HCO_3^-—Ca^{2+} 型	富水性中等
	飞仙关组	T_1f^2	砂岩为主;流量 0.03～0.50 L/s;裂隙水;HCO_3^-—Ca^{2+} 型	富水性弱
		T_1f^1	粉砂岩为主;部分钻孔漏水小,几乎不含水	相对隔水层
二叠系	龙潭组	P_3l	细砂岩、粉砂岩、泥质粉砂岩、粉砂质泥岩、泥岩等为主;流量 0.05～0.50 L/s,钻孔单位涌水量 0.000 25～0.292 L/(s · m);裂隙水;HCO_3^- · SO_4^{2-}—Ca^{2+} · Mg^{2+} 型、HCO_3^-—Ca^{2+} · K^+ · Na^+ 型	富水性弱
	玄武岩组	$P_3\beta$	凝灰岩、玄武岩;一般流量小于 1 L/s;单位涌水量为 0.001 49 L/(s · m)	相对隔水层

表 4-6　纳织煤田洞口井田水文地质特征

地层单位		地层	水文地质特征	富水性
三叠系	关岭组	T_2g	白云岩、泥质白云岩、白云质灰岩;地表未见泉点发育	中等岩溶含水层
	永宁镇组	T_1yn^4	白云岩、泥质白云岩、溶塌角砾岩;地表未见泉点发育	中等岩溶含水层
		T_1yn^3	灰岩及泥灰岩;流量 7.70～19.24 L/s;CO_3^{2-} · SO_4^{2-}—Ca^{2+} · Mg^{2+} 型	强岩溶含水层
		T_1yn^2	粉砂岩、泥质粉砂岩;未出现漏水、涌水	相对隔水层
		T_1yn^1	灰岩及泥灰岩;流量 0～834 L/s;HCO_3^- · SO_4^{2+}—Ca^{2+} 型	强岩溶含水层
	飞仙关组	T_1f^3	砂岩、泥质粉砂岩;平均流量 0.229 L/s	相对隔水层
		T_1f^2	灰岩、泥质灰岩为主;流量 0.822～1.627 L/s	中等岩溶含水层
		T_1f^1	砂岩、泥质粉砂岩;流量 0.112～0.421 L/s;	相对隔水层

续表

地层单位		地层	水文地质特征	富水性
二叠系	长兴组	P_3c	泥灰岩、泥质粉砂岩为主;流量 0.237～0.257 L/s;SO_4^{2-} · HCO_3^-—K^+ · Na^+ 型	弱裂隙含水层
	龙潭组	P_3l	细砂岩、粉砂岩、泥质粉砂岩、粉砂质泥岩、泥岩等碎屑岩为主;流量 0.01～0.50 L/s,平均流量 0.179 L/s;HCO_3^- · SO_4^{2-}—Ca^{2+} · K^+ · Na^+ 型	弱裂隙含水层
	玄武岩组	$P_3\beta$	凝灰岩、玄武岩;流量 0.014～0.022 L/s	相对隔水层

煤层赋水特征可采用单位涌水量、渗透系数和抽水影响半径等水文钻探参数表征。钻孔单位涌水量代表了煤(岩)层的赋水能力,渗透系数初步揭示了煤(岩)层的渗透能力,抽水影响半径则在一定程度上反映了排采压降的漏斗扩展范围。依据相关标准(表4-7 和表4-8),织纳煤田晚二叠世含煤地层大部分为弱富水—中等富水和不透水—微透水岩层,但中等富水区和微透水岩层主要为阿弓向斜文家坝南段,三塘向斜开田冲勘探区部分钻孔也具有类似特征,其余地区均显示为弱富水、微透水岩层(渗透系数偏低)或极弱透水岩层的特征。

表4-7 岩层富水能力划分(迟景砚等,1991)[48]

单位涌水量(q)	大于 5.0 L/(s·m)	1.0～5.0 L/(s·m)	0.1～1.0 L/(s·m)	小于 0.1 L/(s·m)
富水性	极强富水	强富水	中等富水	弱富水

表4-8 岩层渗流能力划分(李正根,1980)[49]

渗透系数(K)	大于 10 (m/d)	1～10 (m/d)	0.01～1.0 (m/d)	0.001～0.01 (m/d)	小于 0.001 (m/d)
渗流能力	强透水岩层	透水岩层	微透水岩层	极弱透水岩层	不透水岩层

相比之下,六盘水煤田的赋水特征相对简单。单位钻孔涌水量一般不超过 0.1 L/(s·m),为弱富水层位,渗透能力普遍显示为微透水甚至极弱透水岩层。与织纳煤田相比,其单位渗透能力、钻孔涌水量和抽水影响半径均显示出相对低、小、短的特征(图4-4),预示六盘水煤田较多勘探区因排水降压的原因,故其开采相对于织纳煤田更有难度。

上述表明:研究区自然状态下的地下水补给条件过差,动力条件弱,渗流能力弱且抽水影响半径较小。煤层气排采过程中水量可能衰减过快,且压降漏斗难以扩展。同时,压裂液也会较多进入煤层引发过度吸附膨胀从而降低渗透率,这为形成整体降压带来困难,难以形成井间干扰。但是,织纳煤田部分勘探区具有相对较好的富水和透水条件,在这些地区进行压裂排采可能相对有效,而在六盘水煤田则可能效果不好。

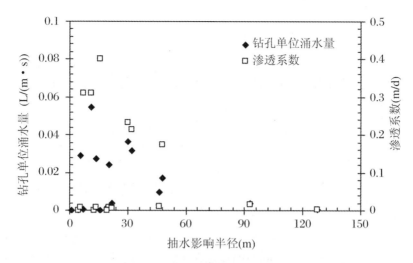

图 4-4　六盘水煤田部分勘探区钻孔揭示的地下水动力特征

4.3　开发工艺技术的地质适配性

4.3.1　钻井工艺的地质适配性

1. 地理地形条件

研究区内地形条件复杂多变,长期河流切割,侵蚀和溶蚀,大部分地区已被切割成深山峡谷,山体破碎,地表崎岖的高原、山地、丘陵、盆地。总之,区内以中—低山地貌为主,地形切割严重、沟壑纵横、坡度和相对高度差大,交通条件普遍较差,加之气候多潮湿阴雨、道路泥泞,形成对钻前工程的规模性制约;而地形高度差较小且坡度相对较缓的施工场地难以寻找,更难以形成规则井网。

2. 地层结构条件

研究区属于我国南方喀斯特发育完善的典型区域。喀斯特地貌形态多样,有石芽、石沟、溶斗、溶洞、溶蚀洼地、槽谷、伏流、涌泉等。喀斯特区域“无山不洞”,有数不尽的溶洞及地下河。特别是三叠统飞仙关组石灰岩、泥灰岩段岩溶、溶蚀现象发育,在钻进过程中易钻遇溶洞和裂隙,形成裂隙性漏失或溶洞性漏失,如在水源不足的情况下会形成对安全钻进、快速施工的工程制约;原生结构煤多不完整,钻遇煤层段易坍塌,而采用低固相或无固相钻井液均易不同程度地伤害煤层,形成煤体结构方面的钻井工艺制约。

4.3.2　完井方式的地质适配性

完井方式的地质适配性主要指裸眼完井、裸眼洞穴完井、定向井、水力喷射径向水平井等方式的地质适配性(表4-9)。

表4-9　煤储层完井方式及其适用地质条件

增产方式	增产技术	适用地质条件
完井增产	裸眼完井	埋深浅、厚度大、渗透率高、含气量大、裂隙系统发育、顶底板岩性稳定、不易垮塌、不出水
	裸眼洞穴完井	埋深大、厚度大、渗透率高、含气量大、储层压力高、煤岩力学强度相对较低而且易破碎,煤层结构简单,煤层顶底板封闭性强而不至于漏液并有利于憋,顶底板岩性坚硬致密,不易垮塌和出水
	定向井裸眼/衬管完井	构造简单、煤体结构强度高、煤层倾角较小、具较大厚度且非均质性弱、无破碎带、煤层稳定少含夹层
	水力喷射径向水平井	超深射孔能力、渗透率较高、构造相对稳定、含气量和饱和度较高的煤层

1. 裸眼完井

此是在目的煤层顶部下入套管并固井,然后再钻开煤层。裸眼完井虽然能避免固井、射孔和压裂作业对煤层的伤害,但采气过程中清除煤粉比较困难、井筒稳定性差。在我国,适用裸眼完井的地质条件为:煤层厚度5~10 m,含气量高,煤层埋藏深度在500 m以浅,渗透率高于1 mD;煤层顶底板岩性稳定,不易垮塌,富水性弱[50]。显然,研究区煤层气地质条件难以满足这些要求,国内前期所进行的裸眼完井尝试亦没有取得理想效果。

2. 裸眼洞穴完井

此为基于裸眼完井而发展起来的一种独特完井技术。其原理是利用煤层的不稳定性,通过人工向井筒内高速注水、气或气水混合物,然后瞬间释放;或者在井中以射流形式冲刷煤层,在井底形成洞穴,在洞穴外围形成剪切破坏带、张性破坏带以及远场干扰带,使应力得到释放,同时使煤块松动、破坏,以使原始闭合的天然裂缝重新开启,从而形成纵横交错的裂缝网络,使近中处的渗透率大大提高的方法,其效果与已有劈理系统和拉力、张力诱发的裂缝及剪切破坏有关[51]。

根据洞穴获得方式不同及是否对储层裂隙系统进行改造,又可分为原始裸眼洞穴完井、机械动力造穴完井、气体动力造穴完井几种形式。其用于煤层厚度大且稳定、绝对渗透率高、含气量大于10 m³/t、常压或超压、煤质易碎但结构相对完整、煤层顶底板封闭性好且强度高、区域应力低的煤层[52]。而贵州煤层普遍低渗、低饱和、非均质现象突出,这种完井增产工艺的地质适配性、最终采气量、井的经济寿命和最终的经济影响尚需更多的探索与评估。研究区上二叠统煤储层煤级以中高煤级为主,具有单层厚度小、煤体过于松软且渗透率较低的地质特征,采用裸眼和裸眼洞穴完井技术均不能达到增产的目的。

3. 定向煤层气井

定向煤层气井包括分支水平井、丛式井、"U"形连通井等多种具体实施方式,共同的特点是井斜角较大。

井眼在煤层中具较大延伸长度的分支水平井和"U"形连通井一般采用裸眼完井或衬管完井方式,由于其在煤层中延伸较长,施工技术难度较大,尤其是存在井眼稳定性问题,对煤层及相关地质条件提出了更高的要求,例如,构造简单、煤体结构强度高、煤层倾角较小、具较大厚度且非均质性弱、无破碎带、煤层稳定少含夹层等,以避免当前开发工艺技术水平仍无法克服的井壁失稳难题。

丛式井由于排采作业中有杆泵设备普遍存在杆管偏磨、泵效低下等问题而未能大规模推广应用。与水平井相比,丛式井工程稳定性对地质条件的要求相对较低,具有可在同一井场沿多个方位施工多口煤层气井以控制较大抽采半径,易于产生井间干扰的优点,其既吸收了直井和水平井的优点,又避免了水平井容易失稳的缺陷,在织纳煤田煤层气优选有利区块具有成为煤层气地面开发主流技术的潜力。

4. 水力喷射径向水平井

此技术是指在垂直井眼内沿径向钻出呈辐射状分布的一口或多口水平井眼[53]。其原理是在煤层部位开窗,在直径 0.11 m 的垂直井段中井眼轨迹由垂直转向水平,利用高压射流的水力破岩作用,在煤层中的不同方位形成多个与主应力方向成一定夹角的、一般直径为 25~50 mm 的、具有相当长度的孔眼[54]。由于各个分支井眼的形成不存在压实作用,即由高压水射流切割破碎煤岩而成,从而能保护煤层的原始裂隙结构。水力喷射径向水平井施工要求在煤层构造相对稳定、渗透率较高、含气量和饱和度较高、较浅埋深的煤层中应用,并要考虑割理系统的走向与地应力状况。鲜宝安从煤层地质条件与现场应用现状出发,认为径向水平井技术在阜新刘家区块和珲春盆地低煤阶煤层气的开发中具有应用可行性[55],然而鉴于黔西煤田的煤层为中—高煤级且具有低渗透率、构造煤广布的特性,这一技术并不值得借鉴与引进。目前在焦作尝试以水力喷射工艺在粉煤发育煤层内造孔,孔深 100~200 m,孔径 40 mm,单煤层造孔每米 4 孔,产气效果依然不理想即表明了这一点。

4.3.3　压裂增产技术的地质适配性

1. 水力加砂压裂地质适配性

水力加砂压裂一般需要考虑煤体结构特征、产层组合方式、构造条件、煤层及其顶底板岩石物理力学性质及应力剖面等。

对于煤体结构来说,原生结构煤层优选、碎裂煤结构煤层能选、碎粒煤结构煤层可选,糜棱煤结构煤层不能选或回避;产层组合方式要求单煤层厚度大于 1.0 m,多煤层组合小于 4 层,煤层隔层厚度小于 10 m,煤层组跨度小于 20 m;构造条件一般要求煤层产状平缓,远离断层和陷落柱等构造地质体,避开富含水层;围岩条件则要求煤层顶底板岩层具有良好的隔水性,且隔水层厚度一般大于 20 m。

煤岩力学性质的特殊性通过与其顶、底板力学性质的对比表现出来。一般认为,储集层岩石力学性质对于裂缝延伸的影响还在其次,而遮挡层与产层的最小水平主应力差才是影响裂缝高度最显著的因素。对于埋藏较深(>800 m)的煤层,垂向裂缝的纵向扩展主要取决于地应力剖面,当上下夹层的应力较压裂目的层的应力小于 4 MPa 时,裂缝限于压裂层段,大于 4 MPa 时,裂缝纵向扩展。当压裂层与夹层应力相差较小时,弹性模量的大小也是控制裂缝纵向扩展的一个重要因素。层间的岩石力学性质的差异影响到最小水平主应力的大小,且弹性模量差值越小,层间最小水平主应力差越小。裂缝模拟结果表明,当被压裂层位弹性模量小于上、下夹层 5 倍以上时,裂缝高度将有可能被限制于压裂层中[56]。

上述分析表明,产层组合方式仅一定程度上影响了采用何种压裂方式;煤体结构显著影响压裂施工效果。这一点在第 2 章已有描述:上二叠统含煤段上下由飞仙关组和峨眉山玄武岩组组成的良好隔水层且区内以缓倾角(小于 25°)和中等倾角(25°~45°)为主,构造条件亦无较大限制;而煤岩力学特点与应力剖面对缝高影响明显,在裂缝起裂扩展中起关键作用。

遮挡层与产层的应力剖面需基于现场资料的实际分析且缺少实际资料,但由于产层与遮挡层应力差值与岩石弹性模量有关,一般呈正相关关系,因而可以从岩性角度展开定性分析。而岩性与模量的关系表明,煤岩<泥岩及粉砂质泥岩、炭质泥岩<泥质粉砂岩、粉砂岩<砂岩和石灰岩;就煤级而言,同煤岩类型弹性模量一般以中煤化烟煤最低,低煤化烟煤中等,无烟煤最大[57]。因此,一般顶底板为砂岩类或泥质砂岩时,顶底板具有与煤层较大的应力差值;当煤层顶底板为泥岩类时,应力差值较小(特别是煤类为无烟煤时),甚至某些情况下可能出现顶底板与煤层的负应力差值。考察织纳煤田煤级分布,除西南部的里塘以贫、瘦煤为主,西部的比德有少量的贫煤外,其余地区均为无烟煤。从层位上来看,各煤层顶底板以泥岩类、砂岩类居多,较少石灰岩(表 4 - 10)。灰岩和细砂岩顶板的力学强度较大,对水力压裂较为有利;泥岩、粉砂质泥岩和粉砂岩的力学强度较弱,同时可能使遮挡层与产层的应力差值相应减小,压裂效果大打折扣。结合前述,织纳煤田以原生结构煤—碎裂煤为主,其中 6 号煤层以碎粒煤—糜棱煤为主,局部碎裂煤,不论其顶底板岩性如何,均不适合水力加砂压裂;关寨向斜关寨勘探区煤层整体煤体结构不完整,除 14、16 和 32 号煤层以原生结构煤和碎裂煤为主外,其余煤层均不适合直井压裂方式开采;其余勘探区除 6 号煤层外,具有适合压裂的煤体结构,同时在煤层气富集的中西部区域顶板多为泥岩,其次为细砂岩,虽然岩性差异导致应力差值较小,但也不失为压裂的有利地区。

表 4 - 10　织纳煤田部分向斜单元顶底板岩性分布

向斜单元	煤层	顶板岩性	底板岩性	向斜单元	煤层	顶板岩性	底板岩性
比德	6	泥岩/泥粉	泥岩/泥粉/粉泥	珠藏	6	泥岩/粉砂岩	泥岩
	16	粉泥/泥粉	泥岩/砂质泥岩		16	砂质泥岩	粉砂岩
	21	粉砂岩	泥岩		21	粉砂岩/泥岩	泥岩
	23	砂岩	泥岩		23	砂泥岩/粉砂	泥岩
	27	粉泥/粉砂岩	泥岩		27	粉砂岩	泥岩
三塘	6	粉泥	泥岩	关寨	6	泥岩/灰岩	泥岩
	16	泥岩/粉泥	泥岩		16	粉砂岩/泥粉	泥岩
	27	泥粉/粉泥	泥岩、粉泥		21	细砂岩/粉砂岩	泥岩
阿弓	6	泥岩/粉泥	泥岩		23	泥粉/石灰岩	泥岩
	16	泥岩/砂泥岩	泥岩		27	粉砂岩/细砂岩	泥岩/粉泥
	21	泥岩	泥岩				
	23	泥岩/石灰岩	泥岩				
	27	泥岩/砂泥岩	泥岩				

　　六盘水煤田煤储层在煤岩应力、煤级发育程度、顶底板岩性等方面有显著不同。从煤级分布看,整个煤田变化较大,从气煤到无烟煤皆有分布。可采煤层顶底板岩样分析结果显示,煤田内顶底板岩性以泥岩为主,其次为砂岩,分别占统计岩样的 59.1% 和 37.5%。由于泥岩与煤层杨氏模量接近,能使产层与遮挡层的应力差值相应减小,但二塘、大河边、杨梅树、中营和补郎向斜中砂岩所占比例较大,其次为旧普安、神仙坡和照子河向斜,且这些构造单元均以中煤级煤为主,一般具有与顶底板岩板差异较大的应力与强度条件,从岩性分布与煤级考虑,存在有利于压裂的条件(表 4 - 11)。

表 4 - 11　六盘水煤田顶底板岩性分布

向斜单元	泥岩	砂岩	灰岩	向斜单元	泥岩	砂岩	灰岩
青山	72%	25%	3%	补郎(南)		100%	
盘关	94%	6%		补郎		88%	12%
土城	87%	13%		小河边	100%		
照子河	70%	30%		格目底	86%	14%	
旧普安	59%	38%	3%	土地垭	75%	25%	

续表

向斜单元	泥岩	砂岩	灰岩	向斜单元	泥岩	砂岩	灰岩
晴隆	75%	13%	12%	神仙坡	70%	30%	
中营	12%	88%		大河边	36%	50%	14%
郎岱	71%	24%	5%	二塘	55%	45%	
六枝	83%	6%	11%	杨梅树	19%	81%	

分析表明,水力压裂技术对原生结构煤相对发育、渗透性较好的织纳煤田更为适用,而对于如六盘水煤田构造煤发育、煤质较软的储层,水力压裂作用十分有限,甚至在大多数情况下可能无效。

尽管水力压裂技术是目前改造能量最大、改造程度最高、应用范围最广的储层改造基本手段,但其并非一种万能的工艺技术,常规水力裂缝在压裂过程中压力上升缓慢,裂缝受到地层主应力约束垂直于最小主应力方向延伸,一般只能形成两翼对开的两条垂直裂缝,而离主裂缝较远的煤层难以再产生裂缝,其渗透性和连通度基本不受影响;离主裂缝较远的煤气层难以形成煤层气解吸的环境和条件,煤层气也难以解吸出来,具有"方向性"和"单一性",所以有些井的水力压裂后衰减较快,重复压裂改造也难以改变,在增加缝长和控制缝宽上往往显得"力不从心";且存在二次改造成功率低、有效期短、增产效果不理想等问题。这一系列问题催生了一系列新的压裂技术,其中比较典型的是连续油管压裂。

2. 连续油管压裂地质适配性分析

连续油管(coiled tubing)的应用和发展始于 20 世纪 60 年代初[58,59]。实践表明,连续油管压裂技术适用于多、薄储层的逐层压裂作业,对研究区内的煤层多、薄发育特点尤为适合。同传统压裂相比,连续油管压裂具有下列优点[60-62]:① 能使每个层位都得到合理的压裂改造,从而使整口井的压裂增产效果更好;② 一趟下管柱逐层压裂的层数多,可多达十几个小层;③ 移动封隔器总成速度快,起下压裂管柱快,大大缩短作业时间;④ 能在欠平衡条件下作业,从而减轻或避免储层伤害;⑤ 经济效益好。

连续油管压裂技术适宜于地应力比较高、煤层多而薄、纵向上较集中、平面上较分散的煤储层,作业效率高、范围广、适配性强,还可配合水平井、丛式井作业。国外已有大量工程实例表明,连续油管压裂技术能够极好地用来开发在纵向上连续分布的薄煤层的煤层气。2002 年,加拿大应用该项技术对马蹄谷组的 Drumheller 煤层实施压裂,建立了加拿大第一个商业性煤层气项目,收到了良好的效果[63]。研究区与其有类似的煤田地质条件,如引入连续油管压裂技术开发多、薄储层煤层气,其优势将十分明显。

正如前述,研究区上二叠统具有连续油管压裂实施的优势条件,即煤层层数多,煤层厚度大,柱状剖面上构成了若干煤层相对集中的煤层群。例如,织纳煤田上二叠统含煤 3～54 层,含可采煤层 1～12 层,可采总厚度 1.33～12.9 m,可采厚度最大区位于多拱、坪山一带,富煤带有 4 处:一是马中岭一带;二是珠藏向斜北翼(红梅、肥一井田);三是八步向斜戴家田井田。上述 3 处可采厚度均在 10 m 以上,可采煤层均在 7 层以上。六盘水煤田盘关向斜北段、土城、照子河向斜东段、格目底向斜东段、小河边向斜,可采煤层均在 8 层以上,可采煤层总厚在 15.0 m 以上,最厚达 22.7 m(羊场)。这些煤层气地质特征,为连续油管压裂开采技术提供了得天独厚的条件。

4.3.4　注能驱替开采技术的地质适配性

注能驱替开采煤层气理论与技术紧扣制约煤层气产量的气体解吸难、煤体渗透性差两个关键因素,是以注入能量强化解吸驱替开采为基础[64-67]的。该理论的增产效果主要基于以下机理:一是"驱替",气体的注入降低了煤层甲烷的分压,可促进煤层气解吸;二是"驱赶",注入气体驱赶煤层气流向生产井;三是"保压",驱替气体的注入维持了比单纯抽气更高的压力梯度,起到增大流速的作用;四是"改渗",气体注入维持了储层较高的孔隙压力,有利于改良煤层渗透性。具体来看,影响煤储层气体可注入/置换性的地质因素包括 4 个方面:煤吸附能力、煤储层温度、煤储层压力和煤层水性质等[68-70]。然而,煤层吸附气体的能力对于温度和压力最为敏感[71,72],而这两个因素在煤储层中的差别极大[73-75]。CO_2 的临界温度和压力分别为 31.04 ℃ 和 7.38 MPa(73 atm)(图 4-5),在静水压力梯度下换算成深度数据为 756 m,煤储层在这些条件下能够存储较多的 CO_2。

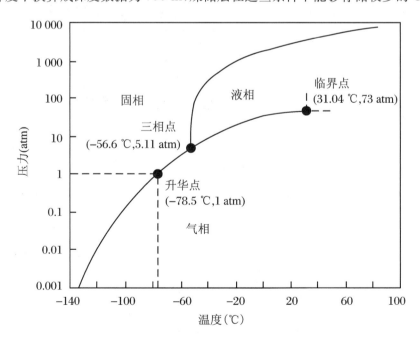

图 4-5　CO_2 相态分布在煤储层中的温度-压力临界条件

研究区内钻孔煤系地层底部温度介于 16~48 ℃,钻孔深度在 100~1 300 m 之间(图

4-6和图4-7)。更为重要的是,在统计的238个钻孔中,仅有80个钻孔(33.6%)的井底温度高于31.04 ℃。温度和深度的相关性系数(R^2)仅为0.410 2(R = 0.640 5),回归线在Y轴上的截距温度为17.50 ℃,显著高于当地年平均地表温度,揭示本区局部存在地温异常。对不同数据段的地温梯度进行统计分析,发现地温梯度呈正态分布曲线,地温梯度介于0.09~5.40 ℃/100 m,平均地温梯度为2.18 ℃/100 m。如果以静水压力梯度下,井底温度超出31.04 ℃且埋深大于756 m为界,仅有约25%的钻孔在CO_2超临界流体条件下。进一步发现,六盘水煤田与织纳煤田的统计平均地温梯度均在2.17 ℃/100 m左右,而分别以两煤田井底深度和井底温度的拟合线性关系式计算,在埋深等于756 m时,前者地层温度为31.64 ℃,后者32.02 ℃,仅接近于CO_2的临界温度;在地应力场变为大地动力场之前(埋深小于1 000 m),地层温度几乎不会超过38 ℃。

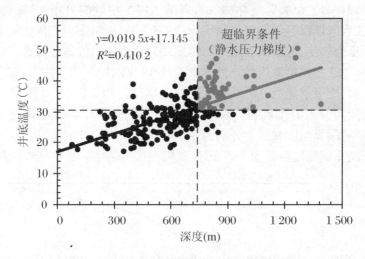

图4-6 研究区煤田钻孔地层温度与深度关系

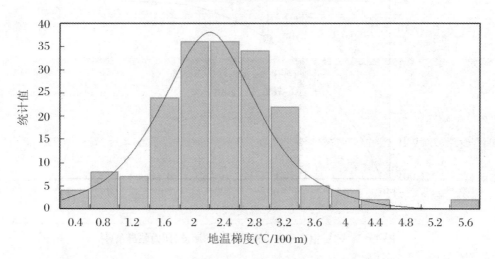

图4-7 研究区地温梯度整体分布直方图

　　根据水头高度换算的储层压力系数变化极大,介于 $0.16\sim2.30$,平均为 0.89。压力系数的分类直方图显示其具有偏正态分布规律(图 4－8),压力系数多在 $0.8\sim1.2$ 之间变动,仅少数勘探钻孔有异常低压和异常高压显示。依据静水压力梯度换算的 CO_2 临界压力深度为 756 m,而以试井储层压力的拟合线性关系式换算得到的储层压力达到临界值所需深度仅为 740 m。依此深度为上界,研究区上二叠统煤层储层压力与温度条件均未穿越气液边界线。

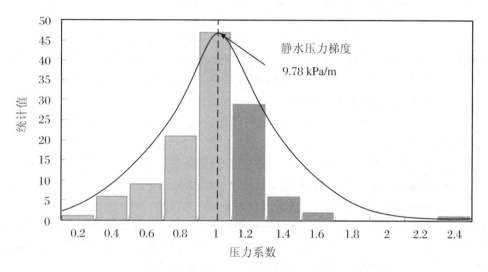

图 4－8　研究区基于水头高度换算的压力系数整体分布直方图

　　上述分析揭示,在埋深约 750 m 范围内,研究区内压力与温度均未能达到 CO_2 超临界流体条件,存在不适宜 CO_2 注气的地质因素。然而,浅部动力场条件下可能存在高压与高温的异常区,但是,CO_2 注入增产的可能性其实并不清晰。例如,CO_2—CH_4—N_2 混合气体注入的效果在不同温度—压力条件下并不理想;超临界条件下,高饱和度的煤储层基质膨胀可能极大阻碍注入能力等[76,77]。随埋深加大,深部煤层具有注气开采所需的潜在温度—压力条件,但是参照前章所述,研究区不仅浅部煤层渗透性普遍较低,而且受应力场与埋深耦合控制,深部将可能出现特低渗透率储层,形成注气屏障,不能满足大量 CO_2 注入的渗透性要求。此外,CO_2 埋藏点要求盖层具有一定的圈闭能力,相对较厚的储层层段,能满足 CO_2 地质埋存量;孔隙性和渗透性应满足大量 CO_2 注入等。但区内煤层厚度多在 $1\sim3$ m,单一煤层不能达到所需要的存储容量,而多煤层一次性注入或分批次注入又不具备经济条件。

4.4 煤层气开发模式的地质适配性

4.4.1 地质参数的环境配置与协同制约

在沉积环境与构造应力作用下,煤岩层组合形式、煤储层结构、煤储层能量分配均存在不同特点,煤层气开发地质条件在地质环境下的配置与协同作用会使不同区域煤层气开发地质条件进一步复杂化,进而制约煤层气开发工艺技术的地质适配性。

1. 沉积环境对储层参数的控制

黔西地区晚二叠世沉积接受来自西侧的陆源河流作用与东侧、东南侧广海方向的海岸潮汐作用共同影响,在海陆过渡背景之下的以三角洲、潟湖—潮滩为主的沉积体系为具有一定厚度且较为稳定煤层群的形成提供了基础条件。煤层群的赋存形式主要以中近距离薄—中厚煤层群为主。煤层纵向上分散且厚度中薄,约束了煤层可压裂改造性及煤层气资源量纵向动用程度,并控制了以储层压力、含气性/吸附性、渗透性表征的储层能量在垂向煤层序列中分配,以三级层序边界的低渗煤岩层为分割界,表现为统一压力的含气系统或无统一压力的含气系统[78,79],使得垂向储层能势分布趋于复杂,对后期排采的高贡献产层选择与层间能量是否相互干扰产生重要影响。

2. 构造应力对储层参数的控制

构造应力作用对煤系储层能量平衡产生扰动,直接控制了煤体结构发育和渗透性高低。煤体结构是煤层气高渗、高产的决定性因素,其对应力和应变非常敏感,对储层压力、渗透性和煤层含气性均有控制作用。晚二叠世沉积期后,区域应力场由东西向区域性的挤压转变为后期的自南东往北西向的挤压,整体处于挤压应力场作用之下,现今地应力状态在垂向上发生转变,并在平面上由南西至北东最小地应力梯度呈"马鞍"形分布[80]。但不同构造单元的地应力强度有显著差别,致使煤层赋存状态与煤体结构均产生一定变化[81]。各种物性能量参数受构造应力控制而发生自调节并相互适应,最终再平衡。同一构造带或不同构造带上不同构造煤类型的组合,其含气性、渗透性在空间上的分带性极为明显[82];纵向不同煤层或同一煤层的不同分层受构造破坏不同,进一步制约了储层压裂的选区选层。同时,不同煤体结构对甲烷吸附的差异性[83],进一步加剧了储层能量纵向分布的非均质性。

3. 储层物性参数动态配置与协同

层序结构框架下的煤系地层旋回提供了储层含气的物质基础,并与构造应力共同作用,协同控制了现今煤系储层能量的纵向分布。层序地层格架下的多煤层状态限定了储层能量的分配界限,构造应力作用再造了能量分布状态,是储层能量参数再平衡的主要因素(图 4-9)。以煤岩层组合结构条件下构造应力与储层压力、渗透性和含气性/吸附性等参数共同表征的储层能量构成了决定煤层气资源开发难易的关键性地质参数。各参数在不同的地质环境下动态配置与调整,即在煤层气成藏过程中各地质参数的发展演化、相互适应、协同作用与自调节效应,宏观体现为含气系统的地质动能向静能转化的能量动态平衡,最终形成现今煤层气开发地质条件的区域差异和层域差异结果。这些关键地质参数最终体现为沉积环境控制下的煤层群组合特征、煤体结构及煤岩显微组分的组合关系、构造应力作用下的煤储层渗透性高低与煤储层可改造性等。

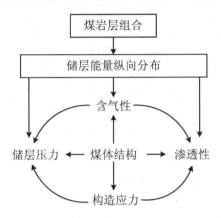

图 4 - 9　煤层气开发关键地质参数配置关系

4.4.2　开发模式的地质适配性

自 20 世纪 40 年代末 50 年代初国外开展对煤层气的研究和开发以来,煤层气地面开发作为一个新的产业在技术上不断得到探索与创新。美国相关机构依据不同的储层条件和地质条件首先取得了煤层气开发技术的突破,并取得了相应的专利,如欠平衡钻井技术、裸眼洞穴完井技术、煤层气羽状水平井技术等。加拿大根据自身煤储层特点,采用的泡沫增产压裂技术与连续油管压裂技术也正在不断完善[84]。澳大利亚采用了适合其储层特点的煤层气水平井、对接井和高压水射流增产等技术[85]。以上这些技术大部分已在我国有所应用,但应用效果差别较大。

近年来,不断有学者关注到煤层气开发技术在特定区块地质条件下的地质适应性。正视这一状况,有如下 3 个问题需要考虑:其一,各种先进技术是否均适用于我国特定选区的煤层气地质条件;其二,传统技术在特定选区的开发效果是否不如先进技术;其三,我国应自主研发哪些适用于我国煤层气地质条件的开发技术[86]。不同煤层气开发方式具有不同的开发技术和工艺,对地质、地形和投资等因素的适应性也不一致。不同开发方式必须依据地质、储层、地形、投资等条件,并根据不同开发方式的技术、工艺要求进行选择。在同一地区甚至相同的开发条件下,采用不同的煤层气开发方式,煤层气井的开发效果也会相差很大。部分学者还曾对"U"形连通井和羽状水平井的适应性单独展开论述[87],但适应性分析局限于井型特点与工程实例研究两个方面。适合多分支水平井钻井技术的地质情况归纳为以下几点:稳定的煤层力学性质、完整的煤体结构、合适的渗透率范围、储层压力不能太低等[88-90],结合构造、煤层特征、煤体结构、煤层渗透性、含气性、埋藏深度、水文地质条件等因素,根据不同开发方式的技术和工艺,综合分析了不同开发方式的地质适应条件(表4-12),认为鄂尔多斯盆地东缘、华北沁水盆地较宜适合采用地面垂直井和定向井技术进行煤层气开发;西北、东北以及南方的煤盆地在地形和交通方便的情况下,比较适合采用直井方式进行开发。

表4-12　煤层气不同开发方式的适应条件[90]

条件		地面垂直井	地面采动区井	羽状水平井	"U"形井	丛式井	水平井
地形条件		地形平坦	地形平坦	要求低	要求低	要求低	要求低
占地面积		大	大	小	较小	小	较小
地质条件	构造条件	较简单～简单	较简单～简单	简单	简单	简单	简单
	目标煤层数	1～3	1～数层	1	1	1～3	1
	目标煤层发育情况	厚度较大～大,较稳定～稳定	邻近层发育,且距离开采层近	厚度大、稳定	厚度大、稳定	厚度大、稳定	厚度大、稳定
	埋藏深度(m)	300～1 200	300～1 000	400～800	400～800	>1 000	400～800
	煤体结构	碎裂—原生结构	碎粒—原生结构	原生结构	原生结构	碎裂—原生结构	原生结构
	渗透性	较高～高	较高～高	低～高	较高～高	较高～高	较高～高
	气含量	较高—高	较高—高	较高～高	较高～高	较高～高	较高～高
	水文地质条件	简单～较复杂	简单～较复杂	简单	简单	简单～较复杂	简单
技术工艺		技术成熟、工艺简单	技术成熟、工艺简单	技术成熟、工艺复杂	技术成熟、工艺复杂	技术成熟、工艺较复杂	技术成熟、工艺复杂
钻井投资成本		低	低	高	较高～高	低～较高	较高～高

煤层气开发技术多种多样,但总体可以归为煤矿井下抽采模式和地面开发模式两种。近年来,基于煤矿安全和能源利用的双重需要,煤层气开发技术模式出现了将两种开发技术模式有机融合的趋势,先后有学者提出地面钻井一体化开发低渗透率煤层气、矿区一体化开采、煤矿绿色开采等设想。此后,不同学者对煤层气开发模式进行了较多的探讨,但皆围绕井下抽采、地面开发与采煤采气一体化3大类展开,在细分方式上略有差别或内容相似但提法不一。上述分析表明,对抽采模式的划分多是基于抽采对象、抽采条件、抽采目的或是资源条件的不同,难以实现从开发机理上对开发模式进行区分,模

糊了开发模式的开发原理界限,弱化了开发技术的理论指导意义,从而难以深入认识开发技术模式的地质适应性。

煤层气开发技术模式的地质适应性取决于具体地质条件和模式特点能否有机匹配,需要从更高的层次上对其进行研究。事实上,不同的开发技术模式具有不同的适用性范围,其选择可采用定性分析方法,也可应用模糊数学、层次分析等数学方法实现对开采模式的定性—定量判别。需要指出的是,不同区块具有不同的煤层气地质特点,特定区块下的地质特征决定了煤层气开发技术模式的地质选择性。

煤层气开发原理表明,地面直井压裂技术是人工诱导形成裂隙,形成导流通道而疏水降压,反映的是储层能量的缓慢降低,本书称之为压裂改造疏水降压模式;而水平井则可以看作是"扩大的裂隙",其本质与地面压裂直井相同。对于采动区地面抽采技术,反映的是人工煤炭开采后,应力快速释放、煤层体积膨胀形成导流通道后能量快速降低的过程,本书称之为应力释放增透降压模式,具有快速降压的特点。裸眼洞穴完井的作用机理是以人工措施形成井筒周围一定范围内压力的循环性升高和降低,促使煤层坍塌,形成剪切破坏带和张性破坏带,这种作用在煤层纵深方向的扩展延伸形成远场干扰带,形成范围一定的渗透率升高区域。作用机制表明其实质也是一种应力释放增透降压方法,但仅为一种局部措施,相对于采动区地面抽采技术,应力释放规模较小。上述两种开发模式均以影响煤层气渗流过程为主要目的,而注入增产法、注热开采法和其他诸如声场、电场等物理场促解模式初步影响的是煤层气的解吸过程,是利用甲烷分子对温度、压力以及声场、电场等的响应,以驱替置换并解吸为目的的(表4-13)。

煤层气成藏过程是一个能量动态平衡过程[91-94],地质体中多相耦合条件的微变体现为煤层气系统能量的传递、耗散与再分配过程。煤层气藏的勘探开发在于采用人工条件使能量平衡中的某一个环节发生突变,从而使整个平衡被打破,即以工程手段使得以温度场、压力场、应力场的能量系统发生转移或耗散,并最终达到再平衡(图4-10)。这是以增压或增温为诱导因素,以打破煤层气吸附—解吸动态平衡为手段,促使甲烷分子脱吸附,使储层能量处于非平衡状态,进而使煤层气的解吸环节启动的过程,包括分别以CO_2/N_2注入和地面井下相关注热抽采技术为代表的增压促解开采模式和增温促解开采模式。以降低流压或应力缓释为诱导因素,破坏压力场平衡建立有效压差或破坏应力场平衡使应力释放均是储层能量的耗散再平衡过程,其实质均是加大裂隙沟通从而提高储层导流能力,即影响煤层气渗流环节,但区别在于前者是以流体缓慢外泄耗散能量,并依据人工导流裂缝加剧此过程;后者是以应力快速释放能量,并依靠应力解除产生的自导流裂缝驱动能量耗散。从煤层气产出过程看,不论是以温度场、压力场还是应力场的能量状态失衡均是以诱发气体解吸或渗流环节为目的和手段,进一步诱导煤层气运移由高势能向低势能方向进行的连续过程。

表 4 - 13　煤层气开发技术模式划分方案

诱导因素	开发技术模式	初步影响运移环节	开发技术	开发工艺
流体	压裂改造疏水降压模式	渗流	直井压裂技术	常规水力加砂压裂
				高能气体压裂
				连续油管压裂
				虚拟产层压裂
			定向井技术	丛式井
				分支水平井
				"U"形连通井
				水力喷射径向水平井
应力	应力释放增透降压模式		采动区地面井抽采技术	采动区/围岩卸压地面井抽采
				采动区卸压瓦斯地面井抽采
			井下抽采技术	本煤层瓦斯抽采
				邻近层瓦斯抽采
				采空区瓦斯抽采
				围岩瓦斯抽采
			裸眼(洞穴)完井技术	裸眼完井
				裸眼洞穴完井
压力	增压促解模式	解吸	注入增产法	CO_2/N_2注入
温度	增温促解模式		注热开采技术	地面井下相关注热抽采方法
其他地球物理场(声场、地电场等)诱导下的促解模式			—	—

综上所述,煤层气开发工程手段均是以破坏煤层气成藏能量动态平衡为基础,以温度、压力、应力或流体为诱导因子,进而启动煤层气解吸、扩散或渗流,使储层能量调整与再分配的过程。打破某一种平衡或激发某一种诱导因子,要从开发技术的具体原理与区块煤层气开发地质条件的具体关系着手,即寻求特定开发方式以匹配特定开发地质条件,可以宏观抽象为同一模式多种技术原理与同一地质类型多种地质条件的适应性。进一步而言,打破能量平衡以启动煤层气产出过程可能存在多种工程方式,但各种方式对能够启动煤层气产出过程的地质条件的干预效果可能不同。也即是说,煤层气开发技术

与模式的地质适应性与工程有效性取决于其与煤层气开发地质条件的映射关系与匹配程度。

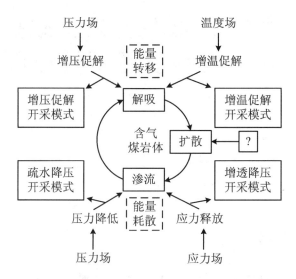

图 4 – 10　煤层气开发模式划分与产出诱导因素关系

　　研究区内,不论是六盘水煤田或是织纳煤田的主要勘探区,煤层群的赋存形式差别不大,主要是中近距离薄—中厚煤层群。研究区反映的地应力背景表现为中—高应力区对煤层渗透率和煤体结构产生较大影响。就煤层试井渗透率而言,前者主要分布于特低渗透率储层和低渗透率储层,后者主要为中渗透率储层。织纳煤田煤体结构相对完整,六盘水煤田煤体结构破碎。黔西煤层的地质特征显示了诸多不利开发的因素,以原生结构煤为基础条件,以中—低地应力、含气性、储层压力和中高渗透性为关键地质条件,煤层可改造性较好、渗透率较高,具有储层能量缓慢降低的先天储层条件,可因势利导,以疏水降低储层压力促使甲烷解吸,带动气体运移,与压裂改造疏水降压模式的开发原理具有匹配性,适用以压裂造缝和定向井"扩缝"为主的工艺技术;而对于以糜棱煤结构为基础条件,以高地应力、含气性、储层压力和低渗透性为关键地质条件的,在可改造性和渗透性两个方面均极为不利,一般不具备地层能量缓慢降低的通道条件,但可以应力因子为诱导,形成能量的快速释放,使煤体迅速膨胀并获得通畅的流体流动通道,适用以煤层局部或大面积卸压增大缓释空间为主的工艺技术,即增透降压开采模式。而对于影响煤层气开发的有利和不利地质因素尚不明确的地区,其开发技术的选择需要在判定开发地质类型的基础上,进一步依据关键地质条件确定。

第5章 煤层气开发实践探索与地质适配性评价

5.1 直井开发试验与工程启示

5.1.1 试验区地质描述

Z02 井和 Z03 井是部署于织纳煤田的两口煤层气参数井,开发层位均为二叠系龙潭组煤层。Z02 井位于岩脚向斜珠藏次向斜北西翼,构造相对简单,地层平缓,倾角 7°～13°;Z03 井处于三坝普查区三塘次向斜北西翼,为一单斜构造,煤系地层倾角 15°～30°(图 5-1)。地层自上而下有第四系永宁镇组、下三叠统飞仙关组、上二叠统长兴组、龙潭组和峨眉山玄武岩组地层。区内的主要含水层有栖霞组和茅口组裂隙岩溶水、上二叠统煤系裂隙水及三叠系裂隙、岩溶水和第四系孔隙水。含煤地层主要含水组为 P_2m、T_1f^2、T_1f^3、T_1f^4 和 T_1yn。而 $P_3\beta$、T_1f^1、T_1f^5 为相对隔水层,中间夹长兴组(大隆组)—龙潭组为弱含水地层。上二叠统龙潭组主要由灰色、深灰色砂岩、粉砂岩及泥岩组成,厚 251～334.6 m。龙潭组一般含煤 30～35 层,平均总煤厚 22.40 m,可采及局部可采煤层 10 层。煤层顶底板岩性主要为粉砂岩或泥岩。

根据煤田地质勘探资料,Z02 井和 Z03 井所在岩脚向斜煤层多发育不同程度的构造煤,煤岩宏观类型多为半暗型和半亮型。各煤层以中、低灰煤为主,煤的变质程度均属无烟煤阶段。Z02 井所在区域龙潭组煤层含气量在 Z02 井东南部存在局部高值,由此向北、东方向递减。Z03 井区域各煤层含气性较高,龙潭组煤层整体含气量变化趋势与 Z02 井类似,但相对于 Z02 井含气量较大(图 5-2)。

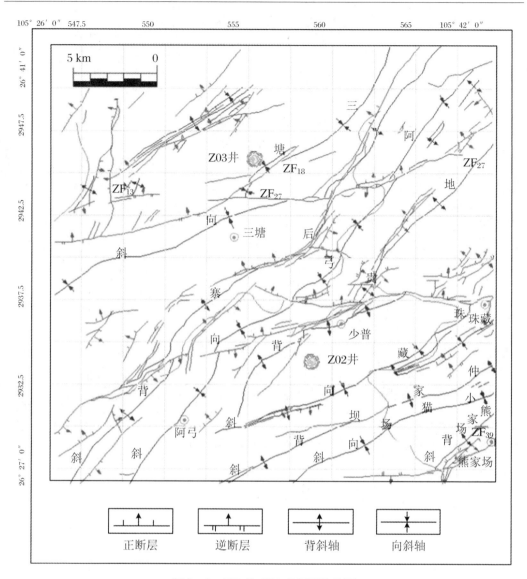

图 5 - 1　Z02 井、Z03 井区域构造图

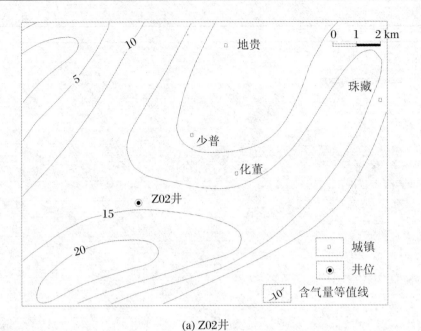

(a) Z02井

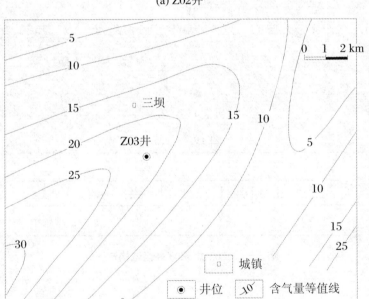

(b) Z03井

图 5－2　Z02 井、Z03 井龙潭组煤层含气量等值线图

5.1.2　开发工程方案

在区块评价基础上,综合考虑目标区构造、水文、煤层厚度、埋深、含气性、储层物性等条件,选取目的井位。井身均采用三级结构(表 5 - 1),为 Ø 444.5 mm × Ø 339.7 mm + Ø 311.1 mm × Ø 244.5 mm + Ø 215.9 mm × Ø 139.7 mm。依据地层结构和煤层性质,钻井液体系一开选用预水化膨润土钻井液,二开采用低固相聚合物钻井液,三开主要钻遇煤层,采用清水钻进。

表 5 - 1　Z02 井、Z03 井的井身结构设计与实钻对比

开钻序号	Z02 井				Z03 井			
	设计		实钻		设计		实钻	
	钻头外径(mm)	套管尺寸(mm)	钻头外径(mm)	套管尺寸(mm)	钻头外径(mm)	套管尺寸(mm)	钻头外径(mm)	套管尺寸(mm)
表套			540	428				
一开	444.5	339.7	406	339.7	444.5	339.7	444.5	339.7
二开	311.1	244.5	311.1	244.5	311.1	244.5	311.1	244.5
三开	215.9	139.7	215.9	139.7	215.9	139.7	215.9	139.7

为确定合理生产层位,采用录井、测井和试井等方法综合分析评价各煤层的产气潜力,确定射孔压裂层段。测井结果显示 16 号、23 号煤层含气量较高,且孔渗性也相对较好。但 16 号煤层上段为原生结构煤,下段发育为糜棱煤;23 号煤层为原生结构煤,煤层结构较简单。现场解吸数据显示,16 号煤层煤累计解吸量为 1.49×10^4 cm³/kg,23 号煤层煤累计解吸量为 1.38×10^4 cm³/kg,6 号和 7 号煤层煤次之。上述数据表明,16 号和23 号煤层可以作为主力开发煤层,6 号和 7 号煤层次之(表 5 - 2)。

表 5 - 2　Z02 井目的煤层测井解释成果

煤层	深度(m)	厚度(m)	自然伽马(API)	声波时差(μs/m)	挥发份	泥质含量	孔隙度	渗透率(mD)	含气量(m³/t)
6	236.5～236.9	0.4	45.4	436.6	7.02%	9.90%	7.6%	0.242	9.80
6⁻¹	240.4～241.5	1.1	36.3	447.1	16.39%	8.20%	8.8%	0.357	10.86
7	262.4～263.3	0.9	100.6	425.3	17.77%	0.00%	7.9%	0.286	10.81
16	379.7～382.2	2.5	28.4	530.4	13.10%	4.80%	11.2%	1.224	17.80
20	406.8～408.1	1.3	157.2	424.1	6.63%	0.00%	8.6%	0.462	10.75
23	430.5～432.4	1.9	99.9	401.6	5.03%	8.50%	7.4%	0.524	13.19

结合试井渗透率数据,实施了对 16 号、20 号和 23 号煤层的优化加砂压裂。采用方案为:避射 16 号煤层,对 20 号(变密度射孔)和 23 号煤层(每米 16 孔)以套管注入方式、活性水压裂液、排量 7.5～9 m^3/min,以 20/40 目石英砂作支撑剂进行压砂压裂。压后进行关井,油压小于 2.0 MPa 时使用油嘴控制放喷,放喷结束后进行相关测试,下入螺杆泵排水采气。

测井结果显示 Z03 井 6 号、14 号和 16 号煤层厚度最大、煤质最纯、物性最好、含气量最高(表 5-3),16 号煤层试井渗透率极低,但现场累计解吸量均大于 $1.2×10^4$ cm^3/kg。14 号煤层碎裂煤发育,16 号煤层为块状碎裂煤并含糜棱煤分层,煤层内生裂隙(割理)均较发育,含气量较高。综合考虑以上因素,对储层和赋存条件较好的 14 号和 16 号煤层进行压裂。射孔密度为每米 16 孔,注入方式采用套管压裂工艺,以 20/40 目组合石英砂作支撑剂,以加砂强度 8 m^3/m,排量 9.0 m^3/min 的活性水进行压裂。完毕后关井,待油压小于 2.0 MPa,开始放喷,放喷结束后进行相关测试,下入螺杆泵排水采气。

表 5-3　Z03 井目的煤层测井解释成果表

煤层	深度(m)	厚度(m)	自然伽马(API)	声波时差(μs/m)	挥发份	泥质含量	孔隙度	渗透率(mD)	含气量(m^3/t)
6	613.9～616.55	2.65	23.8	328.6	13.49%	5.80%	11.4%	0.923	11.93
7	636.48～638.31	1.83	34.4	537.0	8.92%	0.00%	11.0%	0.929	13.06
14	697.7～700.3	2.6	55.6	499.3	11.69%	0.00%	8.0%	0.501	13.14
16	735.4～737.5	2.1	41.4	433.8	9.51%	2.60%	10.7%	0.662	15.34

5.1.3　开发工程效果及其工程启示

1. 开发工程排采效果

Z02 井于 2010 年 6 月开始排采,8 月动液面下降到 252.34 m 时开始产气,历时 57 天。累计排采天数 207 天,日均产气量为 1 660.19 m^3,日均产水量 0.15 m^3,最高日产气 2 802.55 m^3,排采曲线如图 5-3 所示。2011 年 3 月 11 日关井作业后共产气 586.49 m^3,产液量为 0,随后不再产气。

Z03 井在首次关井作业前累计产气量 $1.4×10^5$ m^3,累计产液量 393.07 m^3,此时动液面深度为 662.81 m,井底流压 0.552 9 MPa。之后开井共生产 13 天,平均日产气量 47.96 m^3,累计产气量 623.46 m^3,产液量为 0,随后不再产气,共产气天数约 200 天(图 5-3)。

整体来看,Z02 井和 Z03 井排采动态基本上反映了煤层气井的前期典型动态特征,日产气量渐增至高峰、下降后保持稳定,日产水量呈递减趋势,但仅表现在前两个生产阶段,即排水降压阶段和稳定生产阶段。

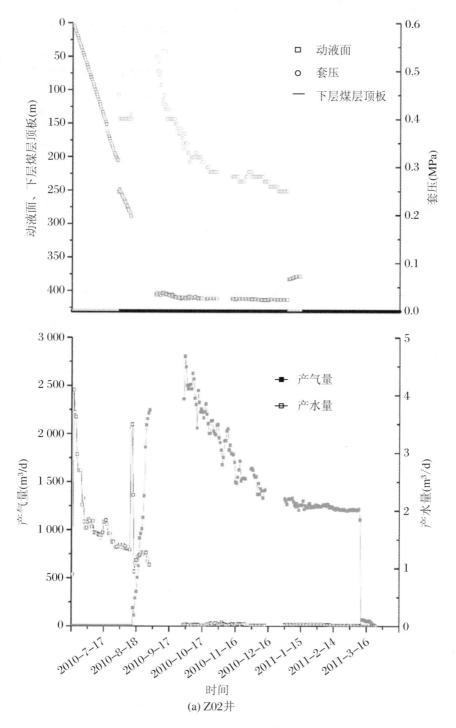

(a) Z02 井

图 5 - 3　Z02 井和 Z03 井排采曲线图

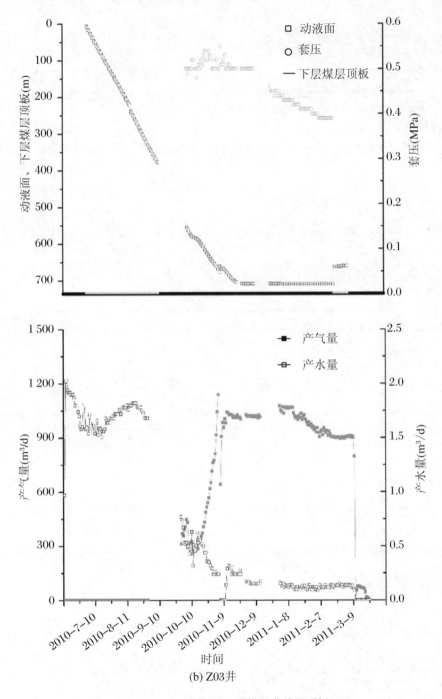

(b) Z03 井

图 5-3 Z02 井和 Z03 井排采曲线图(续)

投产初期两井均出现产气高峰,表明在压裂效应期,压裂改造效果较好,在近井地带形成一条高导流能力的裂缝,其渗透率较原始地层渗透率高,在裂缝附近储层压力降至临界解吸压力以下后,近井地带压裂范围甲烷能很快解吸产出,压降漏斗不断扩大,此外,排采初期排采强度降压平稳,井底压差适中,没有引起起支撑作用的支撑砂子的流动与返吐,因此,能很快形成一个产气高峰。该阶段维持时间的长短取决于压裂裂缝有效控制半长及导流能力的大小。考虑到 Z02 井、Z03 井压裂施工参数基本一致,则初期产气量高低主要受控于煤储层压力的大小和近井地带煤层含气量的高低。测试结果显示,Z02 井两抽采煤层储层压力分别为 3.04 MPa 和 2.95 MPa,Z03 井抽采煤层储层压力为 6.86 MPa;两井含气量对比显示(图 5-4),Z02 井的煤层含气量大于 Z03 井近 3 m³/t。但前者日高峰产气值较后者多出近 1 700 m³,暗示在压裂效应期,煤层含气量相比储层压力,是控制产气初期产气量的更为关键的地质控制因素。

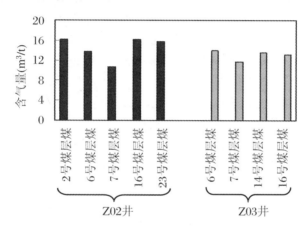

图 5-4　煤层气井煤层含气量对比

第一个产气高峰后,两口井均进入稳产期。稳产期内,两口井的日产气量逐渐下降,并过渡到平稳产气阶段。此时,近井地带压裂后高渗区的甲烷已经解吸产出,远端的煤层气受压裂范围、规模束缚及压降漏斗传播速度限制,压降漏斗向远处发展缓慢,也不明显加深,甲烷缓慢释放,储层压力缓慢下降,表现为产能曲线的稳定低产期。但对比两口井的产能曲线,均没有出现第二次产气高峰和产能自然衰竭的阶段。稳定排采一段时间后,两口井的动液面均已降低至下部煤层顶板以上 20 m 左右,此时套压也处于低值,Z02 井日产水不足 0.1 m³,Z03 井不足 0.2 m³,指示压降漏斗已达临界解吸边界,难以扩展,气体的解吸范围也难以增大。产能受控于远端煤层(非压裂区)原始渗透率的大小。由于两井共 3 煤层的试井原始渗透率均表现为极低值(小于 0.02 mD),且煤层含水量极低,无论是甲烷气体或是地层水,均难以排出,即不存在水相相对渗透率的降低与气相相对渗透率的升高,因而不会出现第二次产气高峰。

两口煤层气井在稳产后期产气量均突然下降,并不再产水。从生产过程看,Z02 井的产气量突然下降出现在关井作业以后,产气量由 1 106.61 m³ 陡降到 67.36 m³;Z03

井在达到产气高峰以后,也明显出现了产气量衰减的两个拐点:其一是修井作业,日产气从 1 137.26 m³ 降至 641.46 m³,产水量降至为 0;其二是停止抽排再进行开井作业,产量由 796.32 m³ 下降到 55.90 m³。上述结果表明,这些作业措施在排采中所起的负面作用非常明显。一般而言,修井作业会激发产气量[95],但 Z03 井在修井后产量显著降低,这显然不是煤层气产能衰减的自然规律,尽管修井作业时间短,但与作业施工快速放压导致地层堵塞或坍塌是否有关?亦或是外来物质带来了储层敏感性伤害,还是其他人为因素造成了质量事故?这些均有待于进一步的数据验证。然而,两口井在随后的同一天关井停抽造成了排采终止。此前,日产水量分别为 0.009 m³ 和 0.9 m³,开井后不再产水,且产气量均在 15 日以内减至 0 m³。从这一现象观察,非连续性排采成为影响煤层气井排采效果的关键工程因素,即使恢复排采,也需要很长时间排水,气产量才能上升到停排前的状态,甚至会造成排采终止。关井前,两口井的排采天数均已超过 260 天,煤层气井的日产水量已经非常小,分散在各基质中的甲烷解吸速率更加微小,甲烷解吸对外来影响异常敏感,此时采取关井措施,无疑使甲烷被煤层重新吸附,产生气锁;重新开井生产后,井筒附近煤层甲烷已经基本解吸完全且被抽采,而煤层又无水可排,压力难以向深处扩展传递,甲烷重启解吸难度极大;同时,关井后,流体中的煤粉沉积或吸附在井筒附近煤储层微孔隙或裂隙表面上,降低了裂缝导流能力和储层渗透率,进一步加剧了甲烷排出的难度。因此在一段时间内,会出现无气可排的局面。

进一步分析,两口煤层气井未出现第二高峰期是否有着更为深刻的地质原因?这不仅与前述的修井、关井等作业措施有着重要关系,单井压裂控制的可卸压体积、气源面积才是根本的影响因素。压降漏斗扩展至压裂区域边界后,煤层为特低渗透率,压力传递向远处发展异常困难,煤层无水或水量少且难以排出,解吸速率和解吸量均明显降低甚至为无,即压降漏斗边界不超过压裂扩展边界,低渗透率与弱含水层导致的气源限制成为根本原因。在排采后期动液面和日产水量极低,任何外界的微小影响因素都可能放大成为影响排采效果的敏感因素,因此,修井及关井措施作为附加作用与气源限制共同控制了煤层气井的产出。

2. 开发工程的地质适配性及工程启示

上述分析表明 Z02 井和 Z03 井的试采成功经验主要是:

① 井位均位于向斜宽缓部位,周围断层较少发育,构造相对简单。

② 煤系地层含水弱,地下水径流缓慢,顶底板隔水层发育,水文地质条件简单。

③ 目的煤层发育厚度相对较大且区域分布稳定,煤层埋深适中。

④ 煤层含气量高,实测瓦斯含量大,测试煤层累计解吸量均在 $1.2 \times 10^4 \text{ cm}^3/\text{kg}$ 以上,这与国内其他煤层气商业化开发区相比并不逊色。

⑤ 多层压裂工艺弱化了煤层群发育对压裂工艺的制约。两井分别对 3 层和 2 层煤进行了大规模加砂压裂施工,在煤层厚度较小的情况下,尽可能地提高了产能。

⑥ 煤体结构对井壁稳定和压裂半径扩展的制约并不显著。压裂煤层部分结构完整但构造裂隙发育,部分煤层为块状碎裂煤与糜棱煤分层的组合结构,存在有利于压裂半

径扩展的有利条件。

⑦ 采用的合层排采技术与排采制度基本适应了该区弱含水煤层的地质条件。排采曲线显示两井日产水量最高值分别小于 4 m³ 和 2 m³，日平均产水量不足 0.20 m³，初步表明排采制度与该区弱含水煤层的典型特征相吻合。

开发工艺存在的主要问题有：

① 非煤系地层部分地段裂隙、溶洞发育，在钻进过程中钻井液漏失严重，严重制约了工程进度。

② 煤体结构不完整，采用清水作为钻井液在煤层段钻进时煤层易坍塌。

③ 排采制度应坚持连续、稳定、缓慢的原则。

④ 煤层气固井质量局部效果不佳。

由上述存在的问题可知，直井开发技术的地质适配性主要体现在钻井和排采工艺上，而其采用的井身结构、钻井液体系和固井措施难以满足地质需求，排采制度必须进一步完善。

5.2 水平井开发试验与工程启示

ZL-01H 井为煤层气开发试验井，井型为单分支水平井，部署于织金矿区中岭煤矿 12035 工作面（开采 3 号煤层），该工作面平均走向长 1 740 m，倾向长 160 m，标高 1 690~1 750 m。该井采用的水平轨迹末端与井下石门对接并与井下通风系统连接，以井下抽采方式排采。ZL-01H 井井口地面标高 2 174 m，设计井深 1 317.12 m，完钻井深 1 296.22 m，完钻层位为 3 号煤层。

5.2.1 试验区地质描述

中岭井田位于加戛背斜北东翼中段、F1 断层北翼，地层整体为一向北倾斜的箕形构造。走向近东西向，西部、东部近南北走向，走向变化大。倾向北，地层倾角浅部一般 20°~15°、西部 43°~30°，向深部逐渐变缓为 15°~9°~5°。褶曲相对不发育，断层主要为正断层，分布于井田西部和南部（图 5-5）。地层自上而下主要有第四系地层、永宁镇组、下三叠统飞仙关组、大隆组、龙潭组及上二叠统峨眉山玄武岩组，其中龙潭组含煤 50 余层，其中主采煤层为 3 号、6 号和 8 号煤层。

ZL-01H 水平井的目的煤层为 3 号煤层。3 号煤层全区内发育比较稳定，宏观煤岩类型为半亮—半暗型，镜质组最大反射率为 2.93%，变质程度为Ⅶ₁ 阶段。原煤灰分（A_d）变化较大，介于 11.58%~35.70% 之间，平均约为 18.92%，属于低中灰煤。煤层瓦斯含量 5.82~16.71 m³/t，平均 10.40 m³/t。

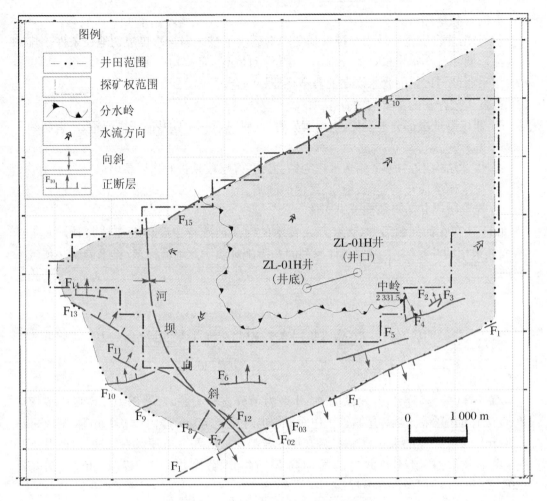

图 5-5　中岭井田构造与水文地质图

5.2.2　开发工程方案

1. 井身结构与质量要求

ZL-01H 井为长裸眼水平井,靶点 A、B 测深分别为 1 712.00 m 和 1 698.00 m,造斜段和水平段方位角分别为 252.24°和 255.24°,井斜角 90°,水平位移 932 m,水平段长752.44 m。中靶要求煤层顶板之下 0.50~1.00 m。B 点半宽 5 m,上下摆动不得超过 3号煤层厚度(约 3.00 m)。井身剖面设计为直—增—平三段制剖面(剖面数据见表5-4),采用 Ø 215.9 mm 钻头钻穿造斜段和用 177.8 mm 套管封至 A 点的井身结构(表5-5)。其中,造斜点 282.00 m,设计造斜率 9.556°/30 m。

表 5 - 4　ZL-01H 井设计井身剖面数据

	斜深(m)	垂深(m)	井斜角(°)	方位角(°)	造斜率(°/30 m)
直井段	0.00~282.00	0.002~82.00	0	0	0
造斜段	282.00~564.68	282.00~461.88	90.04	252.24	9.556
水平段	564.68~1 317.12	461.88~475.88	87.83	255.24	0

表 5 - 5　ZL-01H 井设计及实际井身结构数据

钻头尺寸 (mm)	钻达井深(m)		套管尺寸 (mm)	套管下深(m)		水泥返高(m)	
	设计	实际		设计	实际	设计	实际
444.5	25	25	377.9	25	25	"穿鞋戴帽"	
311.2	80	77.2	244.5	77.2	77.2	—	
215.9	564.68	536	177.8	564.68	536.31	300	250
152.4	1 317.12	—	PVC 衬管	—	—	管外封隔	

2．设备选择

选用的钻具组合如下：

(1) 一开直井段

Ø 311 mm 钻头 + Ø 165 mm 钻铤 + Ø 114 mm 加重钻杆。

(2) 二开造斜段

Ø 215.9 mm 钻头 + Ø 165 mm 马达(1.5°) + MWD + Ø 159 mm 无磁钻铤 + Ø 114 mm 钻杆。

(3) 三开水平段

Ø 152.4 mm 钻头 + Ø 120 mm 马达(1.5°) + Ø 120 mm 短无磁钻铤 + MWD 组合 + Ø 120 mm 无磁钻铤 + Ø 114 mm 钻杆。

3．工程施工概况

ZL-01H 井于 2010 年 7 月 8 日开钻，用 Ø 444.5 钻头钻至井深 25.00 m，下入 Ø 377 mm 螺纹导管。一开于 7 月 17 日用 Ø 311.1 mm 钻头开钻，钻至井深 77.2 m，下入 Ø 244.5 mm 表层套管。8 月 3 日用 Ø215.9 mm 钻头二开，钻至井深 272.33 m(设计造斜点 282.00 m)，以"Ø 215.9 mm 牙轮转头 + 螺杆钻具 + MWD"的钻具结构开始造斜，沿 252.24°的方位角以 9.556°/30 m 定向钻进。钻进期间多次发生漏失，后用普通水泥封井无效，随钻堵漏钻至 536.31 m，井斜角达 66°，下入 Ø 177.8 mm 技术套管固井，水泥返深约 250 m(设计完钻井深 564.68 m，垂深 461.882 m，井斜角 90.04°，造斜率为 9.556°/30 m，完钻水平位移 180.01 m，在 3 号煤层顶板底界附近着陆，距离顶板底部约 0.5 m)。候凝期间，中岭煤矿组织在井下 124 回风石门施工 20 m 联络斜巷、防水密闭和抽放管道。

在测深 486.66~489.96 m 和 516.80~520.00 m 分别钻遇 1 号和 2 号煤层。煤层顶板深度与根据周围煤田勘探钻孔预测煤层深度分别相差 10.86 m 和 8.98 m(预测值较浅)，这给准确判断 3 号煤层埋深带来了困难。后换用"Ø152.4 mm 牙轮钻头 + 螺杆钻具 + MWD 随钻测量系统"的钻具结构,继续造斜至 576.16 m,仍未发现目的煤层。在钻进至 551.38～554.38 m 和 559.22～564.02 m 时,钻遇软层,视厚 3.00 m 和 4.80 m,由于未钻至预测垂深(预测 3 号煤层埋深 476.00 m,测深 578.00 m),且不能判定前述钻遇软层是否为 3 号煤层,故继续钻进。导向加装伽马探管后,钻穿至预测 3 号煤层底板以下至 580.42 m(垂深 472.02 m,井斜 89.43°,期间上述软层发生垮塌)处,未发现煤层。现场分析认为,前述钻遇软层应为 3 号煤层;此时已钻穿 3 号煤层,应增大造斜率向上找煤,但着陆点后移。2010 年 11 月 12 日早,重新穿越煤层顶板至 598.40 m(垂深 471.06 m,井斜角 96.53°,方位角 255.44°)。随后在测深约 748.87 m 钻遇断距小于 2 m 的断层或褶曲,根据区内正断层居多的特点,下调轨迹找煤,终于成功进入煤层。井段钻至 1 004.90 m 时,由于施工物资和设备更换等原因,在提、下钻过程中煤层开始垮塌,井口返出大量煤粉(含 2～5 cm 块状煤及黑色碳质泥岩),表明水平段煤层产生规模性垮塌,形成"大肚子"井段,摩擦阻力较大,随后钻井液不能循环。至当年 12 月 8 日,先后采取多种措施,均未能建立正常循环。其后,重新选取新的造斜点以多条新轨迹重新造斜进入煤层,仅 M4 井眼钻至井深 1 296.22 m,结束水平段钻进,并于井下对接,但未见抽采数据。

5.2.3　地质适配性分析与工程启示

ZL-01H 水平井采用 SCHRAMM-T130XD 车载钻机,配合采用 MWD 随钻导向仪器、PVC 筛管完井,但最终以失败告终,未取得有效排采数据。通过对工程技术与地质条件进行适配性分析,认为该区地质条件存在如下特点:

(1) 煤体结构较差,靠近筛选范围低限

中岭煤矿煤层参数实测结果显示,3 号煤层坚固性系数(f)为 0.51,煤体结构以原生煤至碎裂煤为主,仅稍高于以水平井开发技术筛选的参数值低限。施工过程中井壁易坍塌,成井可能性较低。

(2) 煤层厚度偏薄,但能达地质导向控制要求

从理论上讲,薄煤层相比厚煤层更能利用水平井的这种优势。但目的煤层(3 号煤层)厚度变化介于 0.89～4.14 m 之间,平均 2.49 m,且钻遇层位含夹矸,不利于地质导向控制。

(3) 煤体透气性差,含气量居中

3 号煤层实测瓦斯含量 7.12～12.79 m³/t,接近国内勘探单位煤层气选区评价煤层含气量标准下限值(8.5～10 m³/t)[63]。透气性系数介于 0.815 2～2.958 4 m²/(MPa² · d)之间,如透气性以 0.1～10 m²/(MPa² · d)为界划分容易抽放、可以抽放和较难抽放煤层,则 3 号煤层属可抽煤层。

(4) 煤层埋深适中,构造简单,适用水平井开采

中岭煤矿 3 号煤层中东部埋深在 300～550 m 之间,从煤层气赋存角度来说,埋深增

加会使渗透率进一步降低,开采难度增加;而埋深较小,则会影响含气量。矿区内构造条件简单,整体为一向北倾斜的箕形构造,褶曲相对不发育,较大断层较少。与国内其他地区水平井相比,中岭煤矿煤层深度适中,构造条件较好,利于煤层气富集和钻井施工。

上述关键地质参数均指示开发水平井承担着巨大风险,初步建立起来的水平井技术暴露出的问题揭示水平井开发的地质条件薄弱,水平井开发技术亦须进一步完善。施工工艺的地质制约主要表现为:

(1) 井壁稳定性受煤体结构制约显著

水平井开发要求煤层以原生结构为主,因煤质硬度大,所以要优选原生结构煤和碎裂煤发育的地区和煤层,尽力规避碎粒煤和糜棱煤。ZL-01H 井施工时间极长并失败的关键原因之一即是目的煤层煤体结构不完整与钻井液长时间浸泡作用的叠加。

(2) 目的煤层较薄

这导致难以确定煤层位置及着陆点,存在入靶控制与轨迹调整困难的问题。连通井存在无法准确选择着陆点的难题,会造成过早到达的问题需要继续向下找煤,重新确定着陆点,重新进行一次降斜—稳斜—增斜的过程;过晚到达则已经钻过煤层,需要向上找煤,难度更大。这两种情况均造成井眼轨迹不够圆滑、狗腿度较大,增加了水平井眼的延伸摩擦阻力,为后续作业增加了难度甚至会酿成事故。

开发层位发育一层夹矸,且着陆位置夹矸厚度大于 0.8 m,严格意义上已不属于同一煤层,且整体厚度偏小。煤层中的夹矸对水平井的施工不利,特别是在结构复杂的煤层中钻井,井眼在煤层中延伸可能会因夹矸受到限制。研究区均为薄至中厚煤层,且夹矸发育,因此,煤层展布在一定程度上限制了水平井技术的推广应用。

(3) 存在井身结构的地层结构制约

研究区适合利用水平井开发的区块并不多。煤层气预探井的施工水平段不宜过长,在煤体结构较差的区块宜以小井眼水平井为主。在钻小井眼水平井的基础上,可合理加长水平段长度,试钻双分支水平井、"U"形分支水平井或一井多底分支井(每个分支井各针对一个煤层)。而以采用同一井场钻丛式井组的做法较为经济,易于进行采气管理。

5.3 卸压煤层气开发试验与工程启示

5.3.1 试验矿井生产与地质概况

盘江煤电(集团)有限责任公司老屋基矿为煤与瓦斯突出矿井,矿井采用立井开拓,各煤层按照自上而下的顺序开采。矿井(海拔) + 1 360 m 水平以上煤层平均瓦斯含量为 9.73 m³/t, + 1 360 m 水平以下煤层平均瓦斯含量为 15.08 m³/t; + 1 360 m 水平以下首采煤层 12 号煤层瓦斯含量预计达 20 m³/t,瓦斯含量随着埋藏深度的增加而加大。对 12

号煤层采用分层开采方式,首采层采用了顶板高位抽放巷抽放、预留管抽放、上下巷本煤层预抽等治理瓦斯措施,下分层采用了预留管抽放等治理瓦斯措施。

老屋基矿区位于在普安山字形构造西翼反射弧脊的东侧,盘关向斜西翼中段,倾向为110°的单斜构造。北部地层倾角平缓,一般在10°~25°,向南逐渐变陡,中部在30°左右,南部可达45°;浅部倾角大,局部有直立倒转,向深部则逐渐平缓,一般为8°~20°。井田构造主要以断裂构造为主,断层特别发育。主要含煤地层龙潭组厚244~268 m,平均250 m,所含煤层分布以近距离煤层群分布为主,共有3个含煤段,共含煤层40~50层,煤层总厚29~40 m,平均33 m,其中可采和局部可采煤层8层,即3号、4号、10号、12号、14号、18号、22号和24号,总厚13.36 m。下含煤段所含煤层层数较多,但多是不稳定煤线产出;中含煤段煤层多,层间距小,以薄煤层为主,中厚煤层次之,除12号煤层外,其他煤层变化大,结构复杂,层位不稳定;上含煤段煤层厚度不大,以薄煤层为主,煤层较稳定(表5-6)。

表5-6 试验区煤层群分布特征表

煤层编号	煤层厚度(m)			层间距(m)	顶底板岩性
	最大	最小	平均		
2	0.82	0.00	0.55	3.5	顶板为致密砂质泥岩,底板为灰色粉砂岩
标2	0.67	0.52	0.6	9.70	顶板为粉砂岩,底板为粉砂岩
3	1.27	.68	1.10	2.43	顶板为砂质页岩条带,底板砂质泥岩
标3	0.82	0.25	0.57	2.00	顶板为泥质砂岩,底板为粉砂岩
4上	0.90	0.00	0.46	4.74	顶板为泥岩,底板为砂质页岩
4	1.20	0.30	1.10	3.33	顶板为砂质页岩,底板为砂质页岩
5	0.55	0.10	0.37	5.83	顶板为粉砂岩,底板为粉砂岩夹炭质页岩
6	0.74	0.35	0.67	4.79	顶板粉砂岩夹炭质页岩,底板粉砂岩、细砂岩
标8			0.14	3.97	顶板为炭质页岩,底板为泥质粉砂岩
7	0.73	0.00	0.41	7.37	顶板为粉砂岩、细砂岩,底板为细砂岩
8	0.90	0.00	0.43	6.85	顶板为细砂岩,底板为粉砂岩
9	1.77	0.09	0.82	11.91	顶板为粉砂岩,底板为粉砂岩
10	0.94	0.00	0.39	21.14	顶板为粉砂岩,底板为细砂岩、粉砂岩
12	5.05	2.78	4.36		顶板为细砂岩及粉砂岩,底板为泥岩、粉砂岩

5.3.2 开发工程方案

试验地点为131219综采工作面,该工作面处于10号和12号煤层合并区域,煤层厚

度在 6.0～3.2 m 之间,平均煤厚 5.5 m,采用分层开采。开发工程部署前,上分层
131019 工作面已回采,131219 工作面未回采。131019 回采工作面走向长 940 m、倾斜长
180 m,煤层倾角 10°,平均采高 3.0 m,以全部垮落法管理顶板。

地面抽采采空区瓦斯方案为:在 131019 工作面上方施工两个钻井,1 号钻井距
131019 工作面切眼 45 m,距回风巷 40 m;2 号钻井距 1 号钻井 250 m,距回风巷 50 m。
先施工 1 号井,在钻井施工到 131019 工作面采空区 35 倍采高时,先抽采上部煤层卸压瓦
斯,根据抽采效果,将钻井施工到工作面采空区上部 20 m 处,进行采空区瓦斯抽采。2 号
井施工至 131019 工作面采空区 17 倍采高时,接管抽采,并对抽采效果进行分析,之后继
续将孔往下施工到工作面采空区上部 20 m 处,对采空区瓦斯进行抽采。在 131219 工作
面回采后,还可抽采该工作面采空区瓦斯(图 5-6)。

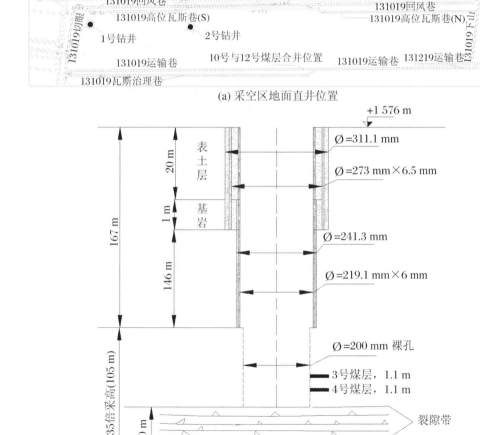

(a) 采空区地面直井位置

(b) 1号钻井井身结构

图 5-6　131019 工作面采空区地面直井位置与井身结构

97

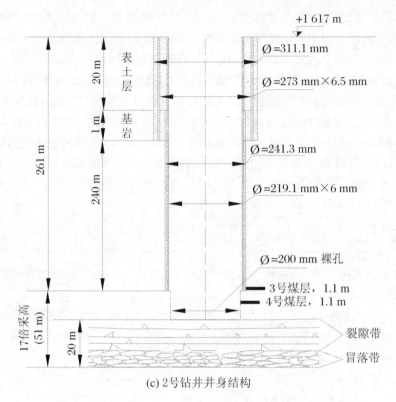

(c) 2号钻井井身结构

图 5-6 131019 工作面采空区地面直井位置与井身结构(续)

钻井施工工艺如下:

① 一开钻井采用 Ø 311.1 mm 钻头钻至完整基岩 1 m。

② 注入 1 m 厚的 C40 砂浆混凝土并立即下入套管(Ø 273 mm×6.5 mm 无缝钢管)至底部,振动捣实。

③ 套管与钻井间空隙注入水泥砂浆,固定套管。

④ 二开钻井采用 Ø 241.3 mm 钻头在注入的 1 m 厚的 C40 砂浆混凝土中钻入,1 号钻井钻至工作面采空区 35 倍采高,2 号钻井钻至工作面采空区 17 倍采高,然后下入 Ø 219 mm×6 mm 的套管(无缝钢管,煤层段为筛管)。

⑤ 1 号、2 号井分别在钻至 131019 工作面采空区 35 倍采高和 17 倍采高下入套管后,先接管抽采考察,然后再采用 Ø200 mm 钻头钻至工作面采空区上部 20 m 处。

瓦斯抽采管与一开套管采用法兰盘连接,钻井施工结束后,采用法兰盘将瓦斯管与套管连接,对瓦斯进行负压抽采。

5.3.3 地质适配性分析

老屋基矿具备卸压煤层气地面抽采的极有利条件。12 号煤层位于中组煤段下部,为首采层,其上覆 10 层煤均为近距离发育,煤层最大间距为 87.22 m,在煤层采动后,均能得到卸压,但抽采工程最终仍以失败告终。工程失败原因可能与钻孔较长时间被积水堵塞有关,也可能是上覆地层移动错断钻孔所致,其实质是钻井结构不适应该工作面开发的地质与采矿条件。"1 号钻井施工完毕后,钻孔涌出的煤层气量大,浓度高达 85%,但因铺设运输路耽搁 10 个月,钻孔煤层气浓度变低且量变少"[96],这正是卸压煤层气地面井破坏的典型特征。

前已述及,地面井稳定性受控于地质条件与开采工艺作用下的多因素耦合,不同地区破坏机理趋于一致但关键因素可能不同。地层结构与岩体是钻井结构失稳的施加载体,只能认知但无法改变;工作面采高、开采速度和工作面大小等开采因素是控制井孔失稳的本源,但受开采效益制约这一情况也难以改变。因此,井孔的失稳只可能从井位部署和井身结构两个方面进行调整。井孔一般部署在储层改造有利区和采动岩移较稳定区,与采场的回采工艺有关。前人的研究表明[97-99],回采工作面中部和两侧是覆岩移动剧烈区,靠近工作面边界且在风巷一侧受四周煤柱支撑较为稳定且抽采瓦斯浓度高,是部署地面钻孔的较好区域。试验工作面钻井位置分别距回风巷 40 m 和 50 m,裂隙较为发育且岩层移动较为缓和,是井位选择的较佳区域。但从井身结构分析,两井所采用的井身结构并不能很好地适应工作面开采条件,主要体现在采用套管的强度不足上。套管强度与套管钢级、管壁厚度与套管直径有关,试验采用的套管钢级、壁厚与直径直接决定了在覆岩移动的情况下套管会否被挤压变形甚至错断。

因此,卸压煤层气开发技术不仅要与下保护层开采相结合,更需要优选采动相对稳定区和煤层气富集区,并采用新的、具有抗挤压破坏能力的套管结构形式,以适应采动区的开采地质条件。

第6章 适配性工程技术与工艺优化

6.1 常规井型的地质选择

目前我国地面开发煤层气主要采用的是垂直压裂井和分支水平井。煤储层、地质条件决定了煤层气开发需要采用的井身结构。本节基于研究区开发地质模型的分析,主要包括储层参数及地质条件的分析以及立足于研究区煤层气勘探开发实际,针对开发工艺主要参数的地质约束内容,结合国内外前期煤层气资源评价和选区评价的相关内容,以反映开发工程风险性的相关因素为切入点,构建了两种井型开发方式适配性的梯级筛选风险评价体系,并分析了在研究区不同地质条件下两种开发井型的技术可行性。

6.1.1 井型选择的影响因素

我国目前地面开发煤层气主要采用煤层气地面垂直井和定向水平井。煤层气开发影响因素可从经济可行性、地质适配性和技术可行性三个角度考虑。经济可行性主要是看煤层气开采是否具有商业价值,主要取决于规模化的产量、产气率的高低、是否具有竞争力的市场价格及开发成本等。而前期开发以风险勘探为主,主要包括煤层气评价参数、排采资料及相关地质和工程参数,以此判断区块煤层气是否具有商业开采价值,为下一步勘探开发打好基础等。技术可行性除与开发环节的关键技术有关外,还与开发区块的地质条件、储层条件等相匹配。因此,筛选开发方式时,不可把技术可行性与地质适配性割裂开来评价,必须二者统一考虑。

综合和借鉴前人对煤层气资源评价和选区评价确定的方法,并结合两种开发方式特点,在确立煤层气开发技术筛选体系时,主要考虑了三大因素:工程风险参数、产能效益参数和外界影响参数,适当兼顾投资成本、开发规划和市场需求等经济可行性参数。

施工工程的顺利完成是煤层气开发成功的保证。依据煤层气开发工艺工程特性与地质约束条件,煤体结构是决定煤层气开发成败的首要条件,而研究区绝大多数含煤盆地主力煤层均存在不同程度的构造煤,所以在开发方式选择前的首要任务是依据煤体结构类型判断有无开发的必要与选择何种方式开发。相对而言,勘查程度、构造条件、煤厚、煤层稳定程度、埋深对工程风险的影响要稍次。勘查程度是基本要素,其他几个要素均由基本要素得出。勘查程度限定了对煤层赋存条件与地质背景的认知程度;构造条件、煤厚、煤层稳定程度、埋深则制约了开采工艺的实施难易程度。然而,如果开发区块已达详查程度或勘探程度,则勘查程度在开采工艺筛选中的重要性便会降低,而其他几个指标的重要性则相对上升。工程风险参数中,煤体结构对开发方式的选择影响至关重要,但对于大多数地区来说,单一开发方式的选择同时也取决于各种指标的有效配置。

煤层气开发的最终目的是为获得高产煤层气资源,显而易见,煤储层特性参数的比选必不可少。而在某一优选开发区块内,资源丰度、含气量、煤阶、饱和度、水动力条件对选区评价具有较大影响,而对确定开发技术的作用并不明显。而渗透性、临储压力比、解吸能力、孔裂隙发育情况和储层压力反映了流体导流能力、解吸难易、开采的难易程度及采出率,五个要求之间互相联系,是区块范围内不同开发方案产能差别的基本度量。考虑综合产能效益二级参数,依据地质分析方法或数值模拟方法,对开发工艺产能进行预测,即可反映出不同开发方案的产能异同。

外界影响主要包括地理环境、技术工艺、投资成本、煤矿要求和市场需求等。当地形比较复杂,难以形成井网时,若资源量与储层条件等能满足水平井开发,可优先选择水平井。水平井施工技术工艺相对于煤层气直井较为简单,但对在复杂地质条件下的施工影响较大。在先期试验探索阶段,投资成本、市场需求与煤矿要求相对而言处于次要地位。

6.1.2　井型梯级筛选风险评价体系构建

考虑开发先期煤层气地质条件模糊性与不确定性双重特征,基于开发技术的影响因素,通过地质风险分析,筛选出对影响开发技术具有不同层次控制作用的风险要素,并进行风险等级排序,建立开发技术梯次筛选风险性评价体系。

在煤层气勘探开发方式选择的诸多风险因素并不具有同等重要的作用,单个关键指标的相对重要性并不能单独发挥作用,进而构成了不同级别筛选的关键要素组合。依据各种参数对开发工艺和排采产能的影响,将风险因素依据其重要性按递进层次划分为三类五级指标体系(表 6-1),根据不同级别关键风险要素组合,可以对不同先导开发区块的具体单元进行优先开发技术类型筛选。

一级指标包括煤体结构(含 f 值)和煤厚两个要素,煤体结构的判断结果不仅决定了煤层是否能使用常规技术开发,还进一步对开发井型有重要影响。研究区煤盆地普遍受多期强烈地质构造运动的影响,煤体结构普遍较差、构造煤发育、煤层破碎、硬度小,不仅在钻进过程中易坍塌,而且煤层渗透率低。目前普遍看好的六盘水煤田和织纳煤田,主采煤层段均发育不同程度的构造煤:有些地区个别煤层为构造煤或局部层段发育构造煤,有些地区则多数主力煤层均为构造煤。如为局部层段发育碎粒煤或糜棱煤,可考虑直井开发方式,压裂避开即可;如全层全育,则难以用常规地面开发方式开采。对于碎裂煤发育地区而言,裂隙延伸长度大,连通性好,煤体残余强度大,便于强化作业,可能是煤层气最有利储层,也是煤层气的高渗高产区。但对于此类煤,要充分考虑其煤体强度,在

$f<0.5$的条件下,直井是其最佳选择,就目前工艺而言,水平井还无法以克服井壁失稳的困扰,而且不具有良好的导流能力。如为原生结构煤,则需结合下次风险参数综合考虑。不管是直井或是水平井,煤厚都是煤层气开发的关键影响因素。这不仅因为煤层厚度与渗透性、含气性有一定的正相关关系[100],而且煤厚与层数在一定程度上也影响了井型选择。当煤层较薄但发育层数多时,可采用直井单层压裂、合层排采的方式,但一般要求煤厚不小于1 m。而以水平井方式排采要求目标煤层的厚度大,当煤厚小于2 m时,就不利于对井眼轨迹的控制和调整,应以直井为主;当煤厚大于2 m,煤体结构为碎裂煤且f值小于0.5时,以直井为主;当煤体结构为原生结构煤或碎裂煤($f>0.5$),且厚度大于2 m时,则两种井型可选。一级风险要素具有一票否决权,碎粒煤和糜棱煤难以采用常规方法开采,可在原生结构煤或碎裂煤坚固性系数大于0.5、煤厚大于2 m的条件下进入二级筛选指标。

表6-1　研究区煤层气开发井型筛选体系与层次结构

	参数类型	递进层次	重要级别	关键参数因子				
煤层气地面开发技术筛选体系	工程风险	一级	确认	煤体结构(含f值)			煤厚	
		二级	区分	煤层稳定性		埋深	构造条件	勘查程度
	产能效益	三级	优选	渗透性	储层压力	临储比	解吸能力	含气量
		四级	关注	资源丰度	孔裂隙	煤阶	饱和度	水动力条件
	外界影响参数	五级	考虑	地理环境	技术工艺	投资成本	市场需求	煤矿要求

二级指标主要包括四个条件,通过这四个条件可进一步确认使用哪一种地面开发方式。选择出适用于特定地区的煤层气勘探开发技术首先依赖于对煤层气开发区地质及储层状况的了解与掌握。一般要求直井的勘查程度应在普查之上,而水平井由于要对煤层展布、构造情况等有精确了解,勘查程度应在详查以上,一般应达到勘探程度。构造条件较简单的一般能满足直井开发需要,而水平井井位部署则有特殊的地质要求。由于水平段通过地质导向施工,要求钻进不能偏离煤层,这就要求该处地质构造简单,无穿过煤层的大断层,且尽量为单斜构造。井眼轨迹一般沿煤层倾向方向延伸,需使生产井位于最低位置,以利岩屑返排和排水降压,这就要求煤层产状稳定,起伏小。当地层倾角大于10°,或构造复杂,存在大型断层、褶曲发育时,不宜选用水平井。构造复杂区域,不利于煤层气的地面开发。煤层复杂程度(稳定性)对开发方式的选择也具有显著影响,煤层展布不均一、煤厚变化较大甚至消失,对直井井网部署不利,且不利于水平井井眼的有效钻进。特别是在结构复杂的煤层中钻井时,水平井井眼的延伸可能会受煤层中的夹矸的限制。一般认为,夹矸超过3层,厚度大于0.5 m,即对水平井开发不利。煤层埋藏深度也是制约水平井勘探开发的重要因素。设计要求煤层埋藏浅,因煤层埋深过大,不仅工程

难度大,成本高,而且煤层地应力高,水平井钻井过程中,煤层易垮落,成孔困难,易发生埋钻具事故。美国钻探的水平井煤层埋深一般小于 600 m,我国已经完成的水平井勘探深度多在 800 m 以浅。目前认为埋深 400～800 m 范围为水平井施工的最佳深度,直井施工深度可达 1 200 m。

从前述几个方面看,地质条件对直井开发的限制较少,却较大限制了水平井的推广使用,筛选开发井型在一定程度上可认为是对水平井地质适配性的判断。上述的一、二级筛选参数皆是从工程角度出发判断哪种开发方式更优,而其中煤体结构的影响更大,在选择采用哪种开采方式时具有决定性作用,其次为煤层厚度。由于不同开发方式的钻井、固井到完井作业成功与否是后期排采有效、开发成功的前提,因此,上述六个关键风险工程要素在评价体系中占有重要地位,结合开发区块的具体地质情况基本能确定适用哪一种开发技术。

在上述各要素两种开发方式都能满足的情况下,对采用何种开发方式可能难以抉择,这就要求对影响煤层气产能的相关要素进行分析优选。笼统地讲,影响煤层气生产能力的关键因素大体上有资源丰度、含气量、渗透性、煤层分布状况、煤阶以及水动力条件等诸多因素。但对一个已确定的煤层气开发试验先导区块来说,较好的资源条件已经具备,而孔裂隙发育状态、煤阶、饱和度、水动力条件等要素在区域范围内又对选择结果相关不大,因此可列为四级关注要素。所以煤储层含气量大小、渗透率等与其他煤储层本身性质就成为影响煤层气产能的主要优选因素。根据工程风险参数初步确定的开采方式,可再根据产能效益参数的具体数值,采用数值模拟或模糊数学方法,通过两种开采方式的产气量和产水量等参数及其变化进行预测工作,为选择开采工艺提供依据,并对生产井经济价值进行评价。

地理环境、技术工艺、投资成本、市场需求和煤矿要求并列为五级考虑的外界因素。在这几种要素中,地理环境对开发技术的选择影响最大。地表交通、水源条件不仅制约了煤层气井施工工程,且对井网部署、后期集采运输都具深远影响。井网部署占地面积较大,贵州高原山区的地表特点对如何部署井网形式提出了考验。受技术工艺和投资成本的制约,钻进设备与施工工艺对开发难易与储层的影响也显而易见。

6.1.3　开发井型区域调整结果

基于前述建立的开发井型筛选体系,根据煤体结构、单层煤层均厚、埋深、煤层复杂程度四个关键指标对各构造单元开发井型的地质适配性进行初步筛选,给煤体结构和单层煤层均厚具有"一票否决"权:煤体结构为碎裂煤或糜棱煤发育区域以及单层煤层均厚小于 1.8 m 的煤层不予考察,两项均能满足筛选要求时再考察埋深和煤层复杂程度指标。以煤层气井工程稳定性为首要前提,暂不关注煤储层含气性、渗透率等其他物性指标,得出研究区开发井型对煤储层和地质条件的适配性。

根据表 4-4 对织纳煤田部分勘探区可采煤层煤体结构的统计结果可知,织纳煤田 6

号煤层虽然厚度大,但由于受构造影响,结构特征遭显著破坏,煤层以鳞片状碎裂煤和粉状糜棱煤为主,质地松软易碎,整体不适于水平井开发,予以否定;但如采用直井开采方式,常规增产手段亦难以奏效。从构造单元分析,织纳煤田适合采用水平井的构造单元主要有水公河向斜、三塘向斜、阿弓向斜、珠藏向斜。三个构造单元单层均厚在 1.8 m 以上,煤层数 1～2 层,煤体结构以原生结构煤—碎裂煤为主,煤层复杂程度简单,且埋深适中,具有水平井成井的有利地质条件。比德向斜 32 号煤层虽然满足煤体结构、单层均厚和埋深三大条件,但煤层结构复杂,夹石层数 1～6 层,均厚 1.63 m,这也不利于水平井施工,但在部分勘探区可能存在利于水平井开发的局部地质条件。关寨向斜 14 号煤层具有水平井成孔的有利条件,但煤层埋深普遍超过 1 000 m 且构造比较复杂,27 号煤层可能存在以碎粒煤为主的区域,需要更进一步认识。从层位分布看,适宜煤层主要为 16 号煤层,且在煤田中南部织金矿区 16 号煤层适配性最好。从煤田区域分布情况看,水平井适宜区域主要分布在织纳煤田西部及中南部范围内。而在煤田北部、西北部和东南部部分构造单元虽能满足上述四个因素中的某一指标,但缺乏水平井施工稳定性的整体条件,因此与水平井相关的开发技术总体上不适用(表 6-2)。

表 6-2　织纳煤田上二叠统煤储层开发井型地质选择结果

构造单元	煤体结构	单煤层 均厚>1.8 m	埋深 (<800 m)	煤层复杂程度	井型调整结果
以支塘向斜		×		×	不布置水平井
白泥箐向斜		×			
水公河向斜	√	√(5、7、32、34、35)	√	√	垂直井为主,水平井为辅
比德向斜	√	√(32)	√	×	垂直井为主,少量水平井
三塘向斜	√	√(16)	√	√	
阿弓向斜	√	√(16)	√	√	
珠藏向斜	√	√(16)	√	√	
关寨向斜	√、×	√(14、27)	×	×	不布置水平井
新华向斜		×			
小猫场向斜		√(29)		×	
马场向斜	?	√(14、16)	?	√、×	
大猫场向斜		×			
补郎向斜		×			
白果寨向斜		×			
蔡官向斜		×			
齐伯房背斜	?	√(17)	?	×	

注:煤层编号为统一编号;6 号煤层虽为主采煤层,厚度较大,但其中碎粒煤、糜棱煤发育,依据煤体结构全区排除,表中未予给出;"?"为无法判断。

综上分析,织纳煤田中东部构造单元不具备煤层气地面开发的地质条件,且煤层气可采资源量及资源丰度均相对有限;煤田中西部地区适于地面水平井开发的煤层相对较少,且少见煤层均厚在 3 m 以上者,层位单一,即使采用水平井开发,也存在受水平井型限制的因素,因此,应采用以垂直压裂井为主,适当布置水平井的开发方式。

六盘水煤田构造复杂、煤层稳定性差、煤层力学强度低、地应力高、渗透率低、水文地质条件复杂,不适合以直井和水平井为主的压裂改造疏水降压模式。以保田青山区块为例,进一步分析成井要素知,17 号、19 号和 26 号煤层为全区可采煤层,均厚大于 2 m,含气量普遍在 10 m³/t 以上,地瓜坡勘探区 17 号煤层甚至达到 24.41 m³/t。但煤层均以构造煤发育为主,多数为粉粒状,仅 19 号煤层下部薄分层部分地区为块状显示(表 4 - 3)。盘关向斜全区可采煤层有 4 层,分别为长兴组 12 号和龙潭组 17 号、18 号、24 号煤层。煤层埋深多在 800 m 以浅,12 号煤层厚度一般 3~4 m,最大 7.02 m,17 号煤层厚度一般3~6 m,最大 9.18 m。煤储层相关实验显示,煤岩具较好储层物性。但根据井下煤层观测,盘关向斜煤层破坏较严重,北部老屋基井田煤层大部分质软,为块状和鳞片状。山脚树井田 12 号煤层以碎裂煤为主,部分为糜棱煤,15 号煤层主要为原生结构煤,少量碎裂煤—碎粒煤。火铺井田 12 号煤层上部煤层为原生结构,部分为碎裂结构,下部为碎裂结构至碎粒结构。金佳矿区煤多呈粉状和碎块状,其次为块状和鳞片状。黎明井田以粉煤和粒煤为主,其次为块状和鳞片状。

依据开发井型筛选体系参数标准,煤体结构这一单一因素即能基本否决这两个地区施工水平井的可能性。在六盘水煤田,至少是盘关向斜地质条件不符合水平井的施工安全要求。虽然主要煤层厚度对水平井开发十分有利,但是煤体结构的限制使区块缺乏水平井成井的关键要素,不宜布置水平井。

值得注意的是,虽然煤层气开发模式的地质选择性和常规井型的地质选择性分别否决了压裂改造疏水降压模式和水平井开发技术在六盘水煤田的适配性,但并不是全区(或整个勘探区)都不适宜用压裂改造疏水降压模式进行煤层气开发。受含煤盆地地质条件的影响,在煤田东北部远离高应力区的小尺度范围内可能存在适宜压裂改造疏水降压模式的地质条件。

6.2　直井开发技术与关键工艺

煤层气直井开发工程包括含钻井、完井、固井、压裂、排采在内的一整套工程技术。基于研究区地质条件特点并针对施工难点,结合煤层气直井在本区的关键地质制约因素,重点优化了煤层气直井的井身结构与排采技术。丛式井技术对地形、地表有较强的适配性,但其核心工艺与压裂直井类似,下文不再赘述。

6.2.1 煤层气直井开发技术

1. 地面直井钻井技术

根据国内煤层气开发的实际经验和受研究区煤层气生产试验井工程的启示,该技术一般采用三开井身结构,在传统二开结构基础上扩大一级,这种井身结构的优点在于能够应对复杂地层。一开孔径采用 Ø444.5 mm 钻头钻至井深 50 m,下入 Ø339.7 mm 表层套管,封固砾石层、流沙层及飞仙组易漏地层;二开孔径采用 Ø311.1 mm 钻头钻至煤层顶部,下入 Ø244.5 mm 技术套管并固井,保证三开清水钻进;三开使用 Ø215.9 mm 钻头钻至煤层,采用 Ø139.7 mm 套管完井。

实践过程中为适应复杂地质情况,对井身结构又有所改进,先后又采用了四开和二开井身结构:Ø660.4 mm × Ø508 mm + Ø444.5 mm × Ø339.7 mm + Ø311.1 mm × Ø244.5 mm + Ø215.9 mm × Ø139.7 mm、Ø311.1 mm × Ø244.5 mm + Ø215.9 mm × Ø139.7 mm。采用更大直径的套管可以应对地层漏失、坍塌等复杂地层情况,保证上部井眼稳定,有利于下部钻进。在分析了地层漏失规律后,认为漏失一般集中在井深 15.00～30.00 m 处,为简化作业程序,采用了简单的二开井身结构,即采用 Ø311.1 mm 钻头钻穿至 30.00 m 左右时下入套管进行固井作业,随后进行二开钻进至龙潭组完钻。

钻井液的设计根据地层层序、岩性剖面及地层压力等综合确定,并应充分考虑稳定井壁和预防煤储层伤害等因素。一开钻进过程中主要钻遇第四系、三叠系下统地层,岩性疏松,钻井液采用预水化膨润土,主要携带岩屑。二开主要钻遇煤系地层上部,钻井液的主要功能是保持井眼稳定、携带岩屑、提高机械钻速等,因此采用低固相聚合物钻井液体系或两性离子聚合物钻井液体系。三开主要钻遇龙潭组地层,为保护煤储层,防止钻井液固相成分堵塞裂隙降低煤储层渗透率,一般采用清水钻进,在施工中如钻遇复杂情况,也可视实际情况采用低固相聚合物钻井液体系。针对研究区飞仙关组地层可能发生的漏失,现场要准备堵漏材料,如单向封闭剂、复合堵漏剂、锯末、核桃壳等,以免在发生漏失时耽误施工进度。

井漏以预防为主,如钻遇漏失层位,以如下手段处理:

(1) 溶洞型漏失与严重型漏失(漏失速度大于等于 60 m³/h)

钻遇此类漏失,可考虑以先充填溶洞(投粗砂、碎石等),然后注入低密度水泥浆的方式堵漏,同时在钻井液中添加无渗透处理剂。

(2) 大型漏失(漏失速度为 30～60 m³/h)

采取静止堵漏方式,在钻井液中加入一定量的膨润土、无渗透处理剂、复合型堵漏剂、花生壳、核桃壳、云母片等。

(3) 中型漏失(漏失速度为 15～30 m³/h)

采取静止堵漏方式,在钻井液中加入一定量的膨润土、复合型堵漏剂、单向封闭剂、无渗透处理剂、锯末等。

（4）小型漏失（漏失速度为 5～15 m³/h）

采取静止堵漏方式,在钻井液中加入一定量的膨润土、复合型堵漏剂、单向封闭剂等,以调整钻井液黏度及切力。并将堵漏浆泵入至漏失层位后,提钻至漏失层位顶部,静止堵漏。

（5）渗透性漏失（漏失速度小于等于 5 m³/h）

降低钻井液密度,提高钻井液的黏度和切力,后在钻井液中加入一单向封闭剂,采取随钻随堵方式。

钻遇煤系地层后,要求通过煤层气参数井对目的层段进行取心。一般要求煤、岩心收获率不得低于 80%,煤、岩心直径大于 60 mm。在钻进过程中要求对井斜严格控制,每 50 m 单点测量,及时掌握井斜、方位,控制好井身质量。完钻后进行连续多点测量,测量间距不大于 25 m。井深范围内,井斜不大于 3°,全角变化率不大于 1.3°/30 m,水平位移不大于 20 m,井径扩大率不大于 15%。

对于固井,关键是要防止施工对煤层造成污染。表层套管固井要求将水泥浆密度控制在(1.85±0.03) g/cm³,水泥浆返至地面。技术套管固井为防止水泥流单返影响固井质量,采用了双密度—双凝体系,即在井底至煤层以上 100 m 用 1.85 g/cm³ 的常规密度体系,上部封固段用 1.45～1.50 g/cm³ 的低密度体系。生产套管段完井要求水泥返至煤层以上 200 m,水泥浆体系亦采用双密度—双凝体系。同时,在技术套管和生产套管段要求安装套管扶正器。水泥浆体系要求:低失水、高早强、微膨胀、浆体稳定性好、过渡时间短。

2. 地面直井压裂技术

压裂技术主要是使原始煤层产生人工支撑裂缝,扩大煤层气渗流范围,沟通煤层内部裂隙,形成煤层气的流动通道,提高导流能力。压裂方案主要是以煤层气井的测井、试井资料为依据对压裂方案进行理优化。

压裂之前先要对目的煤层进行射孔,射孔所用弹型必须能穿透固井水泥环,保证压裂目的层与井眼连通。射孔参数一般为:枪、弹型为 102 枪、127 弹,孔密度为每米 16 孔,相位 60°,射孔液采用清水。如果在固井过程中部分井段固井质量不佳,也可选择变密度射孔。

压裂施工前要对井筒进行试压,并选用通井规通井和以清水洗井,以保证大规模加砂压裂施工的安全。压裂基本要点如下:

① 采用套管注入方式进行压裂。

② 考虑多煤层条件下要压开多个目的煤层,可选用自下而上分层机械压裂方式。

③ 选用 20/40 目组合石英砂作支撑剂,并以活性水作为压裂液,施工排量一般不大于 7.5～9 m³/min。

研究区煤层厚度较薄,顶底板岩层以砂岩泥地层较多,且多为相对隔水层,因此压裂规模应在控制缝高、不突破煤层上下顶底板的前提下优化压裂施工参数,加大压裂施工规模。同时,主要目的煤层往往部分层位发育构造煤或全层发育构造煤,为保证压裂改造效果，应对原生结构煤发育的主力煤层或同一煤层原生结构煤发育较好的层位进行射孔操作，而对原生结构极不完整的层位规避射孔操作。

3. 煤层气直井排采技术

煤层气排采技术主要包括排采设备、排采工艺流程和排采控制三个方面。煤层气排采设备包括地面设备和井下设备两个部分。地面设备前期采用的搭配组合是井口装置＋螺杆泵＋气水集输管线＋气水分离器，后来借鉴排采成功经验，将螺杆泵换作抽油机认为更适合弱富水地层条件下的气水排采。地下设备中的管柱结构由回音标（×100 m）、Ø 73 mm 加厚油管、Ø 44 mm 管式泵、压力计、Ø 73 mm 气锚、导锥等构成。抽油杆组合为：Ø 44 mm 活塞＋3/4 抽油杆＋7/8 抽油杆＋Ø 28 mm 光杆。

排采施工步骤按如下方式进行：安装抽油机和生产井口，然后依据管柱设计结构图下入管柱、试压合格后下活塞和抽油杆、探泵后调整防冲距，安装光杆、连接抽油机，安装流程。而后以小冲次起抽，试抽期间排出的液体应返回套管环空内，避免液面剧烈波动。最后按照要求的排采工作制度开始抽排。

6.2.2　煤层气直井开发关键工艺

6.2.2.1　煤层气直井井身结构优化

井身结构的基本设计原则之一即是应充分考虑处理出现的漏、涌、塌、卡等复杂情况的作业需要[101]，主要包括套管层次和每层套管的下入深度以及套管和井眼尺寸的配合。其设计主要依据是地层压力和地层破裂压力剖面。煤层气井由于井深较浅，且多数探井在设计时缺乏地层压力和地层破裂压力剖面方面的资料，因此，多采用半经验法结合地区地层剖面设计井身结构。研究区三叠系下统飞仙关组地层大面积出露，受大气降水补给，至飞仙关组石灰岩泥灰岩段岩溶、溶蚀现象普遍发育。钻井过程中易发生溶洞或裂隙性漏失成为钻井过程中的一大关键难题，而构造煤在各煤层不同程度发育，亦是制约快速钻进的难点。

从黔西目前已施工的煤层气井分析，煤层气井钻进过程中存在以下难点：

① 多数地区第四系直接覆盖在三叠系下统飞仙关组之上，下伏飞仙关组第二段（T_1f_2）以上灰岩段主要存在裂隙、溶洞性漏失，且可能有多处漏失。由于漏失严重，通用堵漏方法效果不明显，严重制约了钻井效率的提高。

② 黔西地区煤层多成组出现，且多数煤层发育程度不等的构造煤，不仅使煤心采取率降低，且下部煤层取心时，上部煤层易坍塌，井壁不稳定。

目前国内华北地区煤层气井普遍采用二开井身结构方案[102,103]。一开用 Ø 311.1 mm 钻头，钻穿黄土层和基岩风化带后，下 Ø 244.5 mm 表层套管，封固地表疏松层、砾石层，建立井口；二开用 Ø 215.9 mm 钻头，钻穿目的煤层底界以下 60 m 时完钻，下入 Ø 139.7 mm 生产套管，注水泥封固至目的煤层以上 250～300 m，目的煤层以下留一定长度"口袋"。在地质复杂区域,也采用了三开井身结构方案,如在四川古蔺大村施工的 DC-1、DC-2 井[104]。具体井身结构为:一开用 Ø 444.5 mm 三牙轮钻头钻至基岩 5~10 m 后,下入 Ø 377.0 mm 井口导管;二开用 Ø 311.1 mm 三牙轮钻头钻至三叠系下统飞仙关组二段底部,下入 Ø 244.5 mm 表层套管,用油井水泥采取水泵固井,水泥返至地面;三开用 Ø 215.9 mm 三牙轮钻头钻至二叠系上统龙潭组顶 5~10 m,换用 Ø 215.9~Ø 75 mm 阶梯状底喷金刚石 PDC 取心钻头实施取心,钻到目的煤层底板以下 50 m 完钻;测井后,下入 Ø 139.7 mm 生产套管,用固井车固井。

上述两种代表性井身结构在特定地区具有普遍适应性,但地质实际与工程实践表明,这两种井身结构在黔西地区并不完全适用。黔西地区三叠系下统飞仙关组地层大面积出露,受大气降水补给,至飞仙关组石灰岩泥灰岩段岩溶、溶蚀现象普遍发育,钻井过程中易发生溶洞或裂隙性漏失,这成为钻井过程中的一大关键问题。而构造煤在各煤层不同程度发育,亦是制约快速钻进的难点。上述两种井身结构均难以提供良好的井眼条件以实现对复杂层位的有效封隔,这使钻进与取心相对困难。取黔西地区某一煤层气参数井地层柱状图,对两种典型井身结构进行对比分析(图 6-1)发现:

① 二开井身结构不能封堵基岩面以下的漏失层,且不能有效控制构造煤发育煤层失稳坍塌。

② 三开井身结构尽管增加了技术套管,能在一定程度上有效应对漏失,提高钻井效率,但却改变不了多个煤层条件下,下部地层钻进上部煤层坍塌的情况。

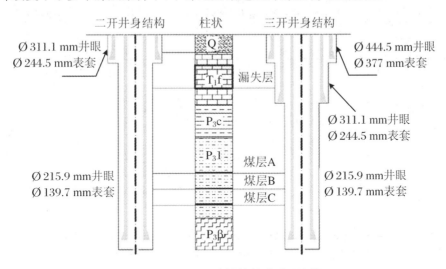

图 6-1　不同井身结构的地质适应性

井身结构地质适应性分析表明,对于黔西地区的复杂地质条件,典型二开和三开井身结构难以保证优质钻进,需要改进井身结构以适应不同地层结构和克服地质复杂情况。井身结构的基本设计原则应充分考虑到处理出现漏、涌、塌、卡等复杂情况时的作业的需要,这主要包括套管层次和每层套管的下入深度以及套管和井眼尺寸的配合,其设计主要依据地层压力和地层破裂压力剖面[101]条件。煤层气井由于井深较浅,且多数探井在设计时缺乏地层压力和地层破裂压力剖面方面的资料,因此,多采用半经验法结合地区地层剖面设计井身结构。由于生产套管尺寸(取心需要)相对固定,所以下部套管的下深和规格可以基本确定,而其强度校核也属于常规设计范畴。鉴于上述原因,可供选择的井身结构方案主要在于调整上部套管结构与下深。

针对贵州省煤层赋存、煤体结构和地层结构特点,基于现行钻井施工技术力量,考虑第四系厚度、漏失层位与煤层煤体结构条件,以简化施工程序为原则,给出了以下 4 种井身结构设计和施工过程中的 8 种变化形式(表 6 - 3)。

表 6 - 3　井身结构优化与实钻设计

煤层条件	目的煤层煤体结构	实钻井身结构变化类型			
		薄松散层地层		厚松散层地层	
		未漏失/非严重漏失	严重漏失(未知)	未漏失/非严重漏失	严重漏失(未知)
单煤层	原生结构煤/构造煤	设计井身结构(Ⅰ)		设计井身结构(Ⅲ)	
	多层原生结构煤原生结构煤 + 构造煤	二开(T_1f_2/井底)	二开(T_1f_2/井底)或三开(漏失层/T_1f_2/井底)(扩眼)	三开(基岩/T_1f_2/井底)	三开(基岩/T_1f_2/井底)或(基岩/漏失层/井底)
煤层群		设计井身结构(Ⅱ)		设计井身结构(Ⅳ)	
	构造煤 + 原生结构煤	三开(T_1f_2/煤层底部/井底)	三开(漏失层/煤层底部/井底)或(T_1f_2/煤层底部/井底)	四开(基岩/T_1f_2/煤层底部/井底)	四开(基岩/漏失层/煤层底部/井底)

注:漏失层/T_1f_2/井底表示井身结构一级、二级、三级分界线大概位置;原生结构煤 + 构造煤指示层位,表示上层为原生结构煤,下层为构造煤。

1. 薄松散层单煤层或煤层组(多层原生结构煤/原生结构煤 + 构造煤)条件

此条件下的井身结构设计为二开结构。以 Ø 311.1 mm 钻头开孔,在未遇严重漏失时,由于松散层段较薄,无须以单独套管隔开。钻遇基岩面和飞仙关组第二段(T_1f_2)后,一开固井,防止下部钻进时飞仙关组漏失并稳定整个上部地层。二开采用 Ø 215.9 mm 钻头至设计井深,以 Ø 139.7 mm 套管固井完钻。如发现井漏,测量井漏速度,漏失速度小于 20 m^3/h 时,可加入 1%的单向封闭剂随钻堵漏;如遇到裂缝性漏失(漏失速度在 20 ~50 m^3/h),可加入 3%~5%复合型堵漏剂 + 1%单向封闭剂用小排量泵泵入井底后静止堵漏。堵漏成功则在钻至飞仙关组第二段(T_1f_2)后,一开固井;堵漏失败,可在强钻至飞仙关组第二段(T_1f_2)后,一开固井。由于松散层较浅,也可以用 $\varnothing$ 444.5/406.4 mm 钻头较快扩眼至漏失层位,下入 $\varnothing$ 377/339.7 mm 表套封固此漏失段;二开仍用 $\varnothing$ 311.1 mm 钻头钻至飞仙关组第二段(T_1f_2)后二开固井;三开以 $\varnothing$ 215.9 mm 钻头/139.7 mm 套管完钻。在原生结构煤+构造煤条件下,由于原生结构煤赋存于上层,结构稳定,不易出现钻开下部煤层时上部煤层垮塌的情况,因此,第一种条件无须考虑煤体结构条件。

2. 薄松散层煤层组(构造煤 + 原生结构煤)条件

此条件下的井身结构设计为三开结构。一开以 $\varnothing$ 444.5 mm 钻头开孔,如未遇漏失或漏失易堵,则钻至飞仙关组第二段(T_1f_2)后,一开固井;如严重漏失难堵,可强钻至 T_1f_2 层位后固井,保证下开继续钻进。如刚钻过漏失层却未钻至 T_1f_2 层位固井封堵,则 T_1f_2 层位下段在遇强漏失时井身结构将不能保证满足需要。这种结构具有一定风险,但可根据钻遇实际漏失情况调整二开下深。随后以 $\varnothing$ 311.1 mm 钻头钻至上部构造煤层后,为防止清水钻进下部煤层而上部构造煤层垮塌,在构造煤层取心测试结束后,需将煤层顶部以上井段用 $\varnothing$ 244.5 mm 技术套管封固。

3. 厚松散层单煤层或煤层组(多层原生结构煤/原生结构煤 + 构造煤)条件

此条件下的井身结构设计为三开结构。此种井身结构考虑了厚松散层可能对钻井施工稳定性的影响。由于松散层较厚,可能在钻遇下部地层时,上部会垮塌,因此,基岩段必须封堵。采用 $\varnothing$ 444.5/406 mm 钻头开孔,钻遇基岩面下 5～10 m 一开固井,下入 $\varnothing$ 377/339.7 mm 表层套管,封固表土砾石层、流沙层。二开采用 $\varnothing$ 311.1 mm 钻头钻至飞仙关组二段(T_1f_2)底部 5～10 m 后,下入 $\varnothing$ 244.5 mm 套管用油井水泥水泵固井,水泥返至地面。三开采用 $\varnothing$ 215.9 mm 井眼完井。一开钻井过程中,如遇严重漏失且漏失层位在基岩面以上,则在强钻至基岩面后固井,如未漏失,则直接钻至目的层位后二开钻进。二开钻进如遇 1～2 层漏失层,在堵漏极为困难的情况下,可考虑在漏失层固井封堵。但未钻至 T_1f_2 层位就二开固井,则不能保证 T_1f_2 层位下段在遇强漏失层位的情况下,井身结构能满足需要,这种结构也具一定风险。

4. 厚松散层煤层组(构造煤 + 原生结构煤)条件

此条件下的井身结构设计为四开结构。由于存在多层煤,且上部构造煤煤层对下部煤层钻进有影响,所以须合理考虑松散层段、漏失层位和构造煤层的综合影响效应。未严重漏失情况下,井身结构为:导管段下至基岩下 5～10 m,$\varnothing$ 660.4/540 mm 钻头 + $\varnothing$ 508/428 mm 套管;二开采用 $\varnothing$ 444.5/406 mm 钻头 + $\varnothing$ 377/339.7 mm 套管,下至飞仙关组二段(T_1f_2)底部 5～10 m;三开采用 $\varnothing$ 311.1 mm 钻头 + $\varnothing$ 244.5 mm 技套,下深至构造煤层以下 10～15 m(下目的煤层以上)固井;四开,$\varnothing$ 215.9 mm 钻头 + $\varnothing$ 139.7 mm 表套至预设井深完井。如遇飞仙关组严重漏失地段,也可将一开井身调整至漏失层位以下固井,但存在多层溶洞漏失难以封堵的可能。在厚松散层条件下,直接采取大口径钻头开孔,省略了厚松散层条件下钻遇漏失时可能的大深度扩孔环节,遇到复杂情况有较大的处理空间,且作业费用增加有限。

6.2.2.2 弱含水煤层群多层合采工艺

直井排采需要遵循"连续、稳定、缓慢、长期"的原则,需要在煤层气井不同生产阶段,依据储层和地质条件,针对性地制定工作制度和进行管理。前已述及,研究区煤层厚度不大且煤层含气量纵向分散,含煤地层富水性和透水性均十分微弱,若仅以单层进行煤层气地面开发,大排量排采制度势必不能满足低风险、长期稳定高产的要求。但研究区煤层层多、层间距小、含气性好、煤层埋深适中,这些都为煤层气的多层合采提供了保障。

1. 排采方式选择

研究区内上二叠统龙潭组煤层富水性弱,煤层解吸后日产水量较少,且因为原生结构煤多发育不完整,因此,采用的排采方式也必须考虑排采过程中控制煤粉过量产出。煤层气排水的主要设备有游梁式有杆泵、电潜泵、螺杆泵、气举泵以及水力喷射泵,不同泵型的选择要点主要体现在最小排量、含砂限制、气液比等泵抽技术参数上。六盘水煤田盘关向斜 4 口井日产水量在 $0 \sim 30.40$ m³ 之间,多低于 10 m³,织金区块 3 口井日均产水量远小于 1.0 m³。从日产水量考虑,以有杆泵和螺杆泵更为适合,但有杆泵更优,而螺杆泵则易产生干摩,以气举泵、电潜泵次之。

考虑细砂、煤粉影响,如排采井为首采井,宜优先选择螺杆泵和气举泵;如有邻井可以借鉴,不出(或少出)砂和煤粉,则首选有杆泵。而诸如经济效益、制度管理、维修周期、气体对泵效的影响等其他影响因素相对次要。至于管柱结构选择,则需根据排采层浓度、选择的排采设备来具体确定。

2. 排采工作制度与管理

地面直井多层合采是以纵向上存在一定间距且属于同一压力系统的多个煤层为前提的,以采用一趟排采管柱将一次或多次压裂改造后的煤层组合按临界解吸压力不同,逐层降压解吸为手段,最终实现多个煤层(或含夹层)作为一个压力系统来进行排采的目的。

根据煤层实际分布情况,实测(预测)各储层临界解吸压力并对排采层位进行合理的单元划分是合层排采的首要工作。依据单元划分不同,排采方式可划分为多层单组排采和多层分组排采两种方式。

(1) 多层单组排采

若排采层数较少(如 1~3 层),且距离较近,可将其看作一个压力单元,合层排采,形成多层单组排采方式。即当作统一的储层解吸压力,获得对应的动液面深度,以此为依据,制定详细的排采工作制度。

随着液面逐渐下降,当井底流压等于煤层临界解吸压力时,煤层即开始解吸。因此,动液面深度可根据井底流压计算得到。通常认为,井底流压由套压、气柱压力和混合液柱压力组成,则动液面一般可根据以下公式简单计算:

$$H = H_c - 100 \times \frac{(P_{wf} - P_c)}{\rho} \tag{6-1}$$

式中:H 为动液面深度,单位为 m;H_c 为煤层中部深度,单位为 m;P_{wf} 为井底流压,单位为 MPa;P_c 为井口套压,单位为 MPa;ρ 为气水混合液相对密度,一般取 1。

制定排采工作制度需要考虑两个主要因素:液面降速和井底流压。排采过程中的液面降速是排采强度和地层供水能力的综合反映,降速在一定程度上是储层压力变化的一个定性体现;而井底流压则是煤层气井排采的关键数据,是排采强度直接作用的反应。

① 排采试抽阶段。

启抽时以最小工作制度启动,采用溢流方式控制降压速率,起抽时产出液全部回流至井筒,调节节流阀控制排出液量,控制液面下降速度。排采初期日降液面应小于 5 m,井底压力每日下降小于 0.05 MPa。此阶段主要任务为观察煤层产水能力,观察液面变化,计算煤层产水强度。

② 稳定降压阶段。

依据掌握的地层供液能力,调整冲次,提高排液量。在此期间,减少井底流压的变化幅度,控制液面的下降速度为 1~2 m/d,随时观察排出水水质的变化,防止大量煤粉、压裂砂产出。

③ 稳定排水阶段。

此阶段实施连续稳定排水,确定出排液速度,保持液面平稳下降,使排采中的压力传递与煤储层的导压能力趋于一致,要最大限度地多采出煤层水,尽量扩大煤层的降压漏斗。此阶段要严防液面波动幅度过大。

④ 临界产气阶段。

随着排采进行,动液面逐渐下降,当井底流压接近煤层临界解吸压力时,煤层开始产气。此时,套压上升,水相相对渗透率开始下降,出水量发生急剧变化,液面波动较大,应及时调整排采制度以适应地层供水能力,减缓液面下降速度,控制液面下降速度小于 1 m/d,保持井底压力平稳缓慢下降,并在出气后停止降低井底流压,使液面略微上升或保持稳定 3~5 d,以减小储层激励。

⑤ 控压排水阶段。

随着生产持续进行,煤层解吸面积增大,解吸量逐渐增加,套压逐渐上升,此阶段要避免产气量急剧上升,憋压继续排采,液面下降速度小于 1 m/d。防止煤粉大量产出,同时防止因套压过高导致液面下降,以致气体窜入油管产生气锁而不出液。在此期间,煤层由于解吸气的产出可能会产出少量的煤粉,煤层的供水量会发生较大的变化,应加强控制。

⑥ 稳压产气阶段。

产气一段时间后,解吸半径不断向深部扩展,更远处的煤层甲烷开始解吸并向井口运移,煤层产气量逐渐增加,气相渗透率增加,水相渗透率下降,产液量逐渐减少。此阶段应控制好生产套压和产气量以适应产水量的变化,液面下降速度一般在 1 m/d 以下,控制煤粉避免大量产出。

⑦ 控压稳产阶段。

经过一段时间排水产气后,煤层供气、供水能力基本稳定,此时要保持稳定的排采工作制度,同时控制井底流压进行产水量、产气量测试,以获得稳定生产制度下的产能,保持井底流压稳定,实现煤层气井总产量最大化。

(2) 多层分组排采

若合层排采层数较多(如3~8层),且层间跨距较大,可按照各煤层解吸压力不同,依据特性相似层间相邻原则,将煤层划分为若干个具体的排采单元,同一单元内单组排采、不同单元按压力不同依次解吸,形成多层分组排采方式。同组单元煤层具有大致相同的临界解吸压力和煤层埋深,方可合压排采,单元划分与所含煤层数、煤层埋深、压力差值、排采控制精度要求等有关。

根据煤层气各排采阶段排采目的不同,对初步划分的各压力合并单元进一步细分为若干个压力阶段,根据排采目的不同,在各压力阶段施行不同的降压速度,从而保证合理的排采强度,最大限度地提高排采总量。其排采阶段的划分方式与多层单组排采基本一致,区别在于随着液面不断降低,重复合压排采2~4阶段,多个煤层单元按解吸压力大小顺序逐级解吸,最终形成同一井筒多层合采。

设有由上至下不同层位的 $n(n=1,2,3,\cdots)$ 个煤层需要进行合层排采。以现场排采资料或煤层室内解吸数据为依据,获得各煤层的临界解吸压力 $P_{cd}(n)$。则具有以下基本关系:

$$\begin{cases} P_{cd}(1) \approx P_{cd}(2) \\ P_{cd}(3) \approx P_{cd}(4) \approx P_{cd}(5) \\ P_{cd}(6) \approx P_{cd}(7) \\ \cdots \end{cases} \qquad (6-2)$$

根据解吸压力的不同,按照层间物性相似层间相邻原则将临界解吸压力相近的煤层划归为一个解吸单元,由此可以划分为若干个解吸单元 $N_i(i=1,2,3,\cdots)$(图6-2)。以各解吸单元的平均解吸压力值或整体计算值($P(N_i)_{av}$)为预测依据,根据公式(6-1)可以估算出各解吸单元在排采状态下的动液面深度 $H(N_i)_{av}$,由此获得各单元的先后解吸顺序。各单元的解吸压力并不完全相同,解吸压力也并非随煤层埋深增加而线性增大,因此,各解吸单元 N_i 对应的动液面深度 $H(N_i)_{av}$ 也并非随埋深增大而线性增加,各煤层的解吸顺序可能与煤层由上至下的顺序并不完全一致。

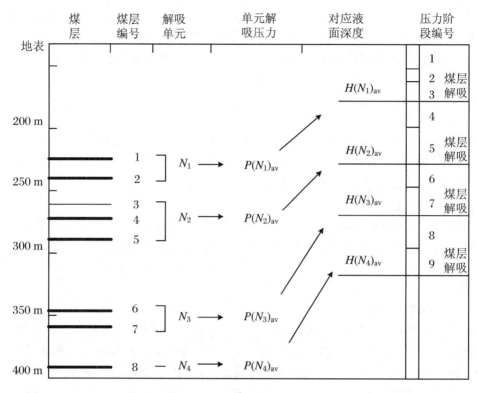

图6-2 合层排采工艺图解

6.3 水平井开发技术与关键工艺

6.3.1 煤层气水平井开发技术

6.3.1.1 煤层气水平井的布井形式

煤层气水平井的应用主要基于以下几种形式:单分支水平井、多分支水平井、"U"形连通井。但水平井有明显的地质条件适配性,对于高煤阶、高强度、高含气量、煤层厚度大且发育稳定的煤层气藏具有较好适配性,而对于薄煤层、不稳定煤层、煤层强度低且构造煤发育煤层局限性仍然较大。

6.3.1.2 井身结构设计

煤层气水平井一般设计为三层套管,即表层套管、技术套管和生产套管(筛管)。表

115

层套管下至基岩 10 m 以上；技术套管下至造斜点以上；生产套管段一般采用 Ø 152.4 mm 钻头钻进，裸眼完井或 PVC 套管完井。抽采直井可应用直井井身结构，但在复杂地质条件下，可以增加导管层以应对井下复杂情况；同时，为增加水平井段稳定性，可换用 Ø 120.6 mm 钻头钻进，并适当减短水平井段长度。

6.3.1.3　水平井的井眼轨迹设计

煤层气水平井的井眼轨迹控制是水平井钻进的关键因素。较高的控制精度和较强的应变能力能够实现对井眼轨迹的连续控制，实现快速、安全施工。井眼轨迹控制包括直井段轨迹控制、造斜井段轨迹控制和水平井段轨迹控制。

1．直井段轨迹控制

直井段施工为确保井身质量，必须严格控制直井段井底位移，一般采取吊打方式，轻压钻进，加强防斜打直技术措施，同时采用电子单点测斜进行测量。直井段要求井斜角不大于 1.5°，最大全角变化率不大于 1°/25 m，最大水平位移不大于 3 m，井径扩大率不大于 15%。

2．造斜井段轨迹控制

根据直井段测斜结果，及时修正剖面，根据轨迹控制要求，采取相应措施，使实钻井眼轨迹按设计轨迹钻进。在煤层精确位置和工具造斜率两个因素不确定和测量信息滞后的条件下，要加强实时钻进中对煤层位置的预测以利于准确着陆。要求进行实时地层对比，绘制地层对比剖面图，根据标志层、上部见煤点准确预测目的煤层深度，以此为基础进一步调整井眼轨迹，以保证目的煤层深度的准确性。

3．水平井段轨迹控制

钻进至水平段后，加入 LWD，对钻进煤层进行伽玛导向跟踪，通过气测录井、钻时录井等措施确保水平井段始终在煤层中延伸。但是，由于煤层厚度一般不大，煤体完整性较差，且钻压难以传递，应在钻具组合中加入扶正器和减阻装置，并在直井段加入一定数量的加重钻杆，以保证钻压有效传递，适当选用无磁承压钻杆为测斜仪器提供无磁环境，减小下部钻柱刚度，增加下部钻柱柔性，减小与井壁的摩擦系数和接触面积，最大限度降低 MWD 短节和井下马达的弯曲应力，降低摩擦阻力，确保井下安全。因此，通过改变钻具结构，加强信息监测等具体措施保证在煤层中安全钻进。水平井井身质量要求：水平位移不大于 5 m，垂直位移不大于 0.5 m，煤层段井径平均扩大率不大于 25%。

6.3.1.4　钻井液的使用

为保护煤层段，一般水平段需要采用清水钻进，禁止加入对煤储层有伤害的添加剂，以防止对煤储层造成伤害。但前述的工程实践发现，清水钻进时携带岩屑困难，且难以维护井壁稳定。因此，也可选用低固相的、具有良好化学凝聚能力的钻井液体系，降低钻井液的动失水能力和渗透率，减少钻进过程中对煤层的伤害。

6.3.2 煤层气水平井开发关键工艺

煤层气水平井在研究区某些特定地区具有地质适配性。与直井相比,水平井对地质条件的要求更多地体现在水平段的稳定性和薄煤层入靶控制及轨迹控制上。鉴于水平井井身结构优化与直井有相同之处且前一节对直井井身结构优化的详细探讨,以下仅简述单分支水平井的井身结构优化模型并探讨薄煤层条件下的入靶控制方法。

6.3.2.1 水平井井身结构的设计优化

1. 常规井身结构设计优化

以研究区地层结构特点为基础,借鉴直井钻探经验,设计水平井井身结构时,为保证施工安全,可设计两种方案(表 6-4);方案一以井口导管和表层套管分别封堵松散层和漏失层位,但可能在二开钻进过程中出现多处溶洞性漏失,如采用相关堵漏措施均无明显效果,且水源欠缺,则可能极大阻碍工程进度。因此,方案二按套管尺寸采用"加大一级,留有余地"的原则,在原有井身结构基础上,进一步选择大孔径钻头,换以 Ø 540 mm 钻头×Ø 428 mm 导管 + Ø 406 mm 钻头×Ø 339.7 mm 表套 + Ø 311.1 mm 钻头×Ø 244.5 mm 技套 + Ø 215.9 mm 钻头×Ø 177.8 mm 套管 + Ø 152.4 mm 钻头×PVC 筛管完井。Ø 339.7 mm 套管段用以封堵基岩底部至飞仙关组二段底部之间可能出现的恶性漏失层位,其余各层次套管下深与前一种井身结构相仿。

从前面两种常规井身结构优化方案看,第一种方案省略了一层套管结构,节省了资金,但后期存在风险因素;第二种方案采用了相对复杂的五开井身结构,虽然增加了成本,但能确保必封井段,保证造斜段和水平段施工顺利进行,如遇复杂情况,由于表套口径较大,可为后续多层套管的尺寸变化留有余地。

表 6-4 单分支水平井井身结构优化方案

单分支水平井设计优化	套管结构	方案一			方案二		
		钻头尺寸(mm)	套管尺寸(mm)	井深(m)	钻头尺寸(mm)	套管尺寸(mm)	井深(m)
	一开	444.5	339.7	基岩下部	540	428	基岩下部
	二开	311.1	244.5	T_1f_2 底部	406	339.7	基岩～T_1f_2 底部
	三开	215.9	177.8	A 点	311.1	244.5	T_1f_2 底部
	四开	152.4	裸眼/衬管	B 点	215.9	177.8	A 点
	五开				152.4	裸眼/衬管	B 点

2. 小井眼钻井技术

对于原生结构煤不完整的目的煤层,可采用小井眼钻井技术方案(表 6-5)。小井眼钻井技术具有井眼口径小、不易垮塌、环空返速快、钻井液消耗量小等优点,其特点是在水平段换用小口径钻头($\varnothing$120.6 mm)施工,钻进中辅以配比安全为主的优质钻井液,能有效维持井身稳定。由于水平井钻进摩擦阻力大,使用小井眼钻进的困难在于钻杆较细,无法给钻头传递较大的钻压,钻进过程中增斜和扭方位可能相对困难。因此,在初始井段可采用复合钻进方式,即以滑动钻和旋转钻进相结合,以便控制好井眼轨迹,使轨迹尽量光滑流畅。在后面井段的钻进中,摩擦阻力增大,定向钻进缓慢,可在钻具结构中加入减阻短节,并采用旋转钻进方式。

表 6-5　小井眼水平井身结构优化方案

套管层序	设计优化		
	钻头尺寸(mm)	套管尺寸(mm)	井深(m)
一开	444.5	339.7	基岩下部
二开	311.1	244.5	T_1f_2 底部
三开	215.9	177.8	A 点
四开	120.6	PVC 衬管	B 点

3. 安全钻进最优化结构设计模型

综合地层易漏、煤层段易垮塌等井下易发生的复杂因素,为能最安全钻进,可将方案一和方案二优化组合,以预防水平井段上部漏失和水平井段垮塌,方案如表 6-6 所示。

表 6-6　煤层气水平井最优化井身结构模型

	套管结构	方案一			方案二		
		钻头尺寸(mm)	套管尺寸(mm)	井深(m)	钻头尺寸(mm)	套管尺寸(mm)	井深(m)
单分支水平井设计优化	一开	444.5	339.7	基岩下部	540	428	基岩下部
	二开	311.1	244.5	T_1f_2 底部	406	339.7	基岩~T_1f_2 底部
	三开	215.9	177.8	A 点	311.1	244.5	T_1f_2 底部
	四开	120.6	裸眼/衬管	B 点	215.9	177.8	A 点
	五开				120.6	裸眼/衬管	B 点

6.3.2.2　薄—中厚煤层的井眼入靶控制

研究区内适宜水平井开发的勘探区煤层均厚度在 2 m 左右,煤层非均质性强、横向变化大,且缺乏地震资料,水平井施工很难找准 A 靶点,必然存在入靶难以控制的难题。在按设计的煤层垂深入靶时,当钻至设计垂深处时井斜角已增大到中靶时的设计角度,接近于水平,此时,井眼垂深的增加就非常缓慢,若煤层滞后出现,则中靶的难度会显著增大;相反,若煤层提前出现,由于井斜角的设计原因,必然会钻至煤层下部。为解决准确入靶难题,可从以下方案着手。

1. 标志层逼近地层预测控制

薄煤层受其厚度限制,在精准施工中往往难以准确入靶。在进入造斜点后,一般可采用"标志层逼近控制法"[105],利用实钻揭示的目标煤层之上的所有标志层深度,兼顾厚度变化规律,预测第一靶点目的煤层顶板深度,步步为营进行轨迹调整,从而达到精确入靶的目的。简而言之,即是对目的煤层之上的标志层进行地层对比,预测目的煤层的可能出现位置,然后以此为基础,综合考虑当前井底位置和姿态、工具的造斜率和传感器滞后钻头距离等其他参数,确定下一步的轨迹控制施工方案,最后进行施工。

准确预测层位是关系到水平井钻井成败的关键环节。在直井段,预测到各层系的顶底界;在造斜点以下,预测各个煤层及标志层顶底界,把它们作为水平段入靶前校深的标志层。在钻遇第一个校深标志层后,通过相关关系的换算校正到钻井深度系统,而后进行轨迹参数校正。此外,深度预测应与岩屑录井密切结合,但因受钻柱组合、钻井液性能、垮塌地层、过渡岩性等影响,故经常受到干扰而不能精确判识,从而使层位预测存在误差。因而,在地质认识程度较低情况下,实钻过程中可选取导眼井施工方案。

2. 导眼井施工方案

着陆点的确定是水平井施工中的一个关键难题。由于一定的地质误差,可能会造成着陆脱靶失控,尤其在薄煤层施工中,控制轨迹更有难度。过早钻至着陆点则需要继续向下找煤,并重新核实着陆点,再次进行降斜—稳斜—增斜的过程;过晚到达着陆点则已钻穿煤层,需要重新向上找煤,增大难度。两种情况的出现都易使井眼轨迹不够圆滑,增添井眼向前延伸时的摩擦阻力,给后续工程施工增加难度。导眼回填工艺能在地质资料有限的情况下,确切探得煤层深度信息,是解决煤层不确定因素的有效手段,而且可靠易行[106]。

着陆控制一般有以下技术要点:略高勿低、寸高必争、早扭方位、稳斜探顶、动态监控、矢量进靶[107]。若以直导眼回填方式入靶,可在钻至造斜点后,以小口径钻头垂直钻井至设计深度以探得目的煤层,确定其准确深度,然后回填至造斜点,重新调整井眼轨迹,仍以单圆弧轨道及原有设计钻具组合造斜进入煤层(图 6-3)。由于直导眼轨迹位移与设计靶点位移相差一定距离,适用于分布稳定、变化不大的煤层;如果地质构造较复杂、煤层平面变化较大,应用斜导眼回填方法确定煤层精确位置(图 6-4)。

在水平井造斜段,先以一定大小的井斜角稳斜钻入煤层,在探明煤层顶底板深度以后,再回填井眼至一定高度,侧钻定向,以一定井斜角增斜至约 90°入窗实施水平段钻进,并保持至完钻。该种方法的优点在于能直接消除地质误差,确切探明煤层顶底板的实际垂深。

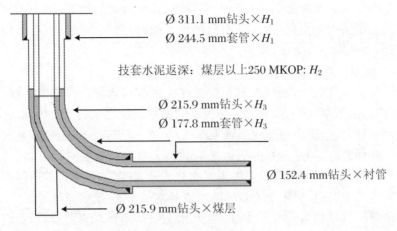

Ø 311.1 mm钻头×H_1

Ø 244.5 mm套管×H_1

技套水泥返深：煤层以上250 MKOP: H_2

Ø 215.9 mm钻头×H_3

Ø 177.8 mm套管×H_3

Ø 152.4 mm钻头×衬管

Ø 215.9 mm钻头×煤层

图 6-3　导眼直井施工示意图

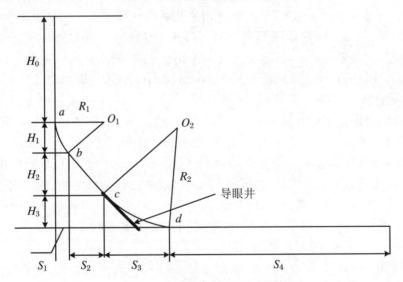

图 6-4　导眼斜井施工示意图

3. "应变法"施工方案

与斜井导眼回填法相同，"应变法"也是采用稳斜井段来探知煤层顶板垂深，但不同之处在于"应变法"是在探得顶板后，以设计好的造斜率增斜着陆进靶，井段不需回填，可采用"直—增—稳—增—平"剖面。"应变法"的实质是通过调整稳斜段的长度来弥补煤层实际埋深与地质预测埋深之间的误差。这一井段稳斜角的大小取决于煤层具体厚度，一般在 80° 左右。在探得煤层顶板后，还要将井斜角持续增至约 90°。所以，煤层越厚，位于煤层部分的增斜段对应的垂深越长，相对应的稳斜角就越小；反之，煤层越薄，位于煤层部分的增斜段对应的垂深就越短，相应的稳斜角就越大。如以研究区煤层平均厚度 2 m 考虑，在靠近着陆点时，钻进轨迹的倾角已经很大，可稳定角度在 86° 左右，以每根钻具垂深下降约 0.65 m/min 的速度，稳斜钻进，至从随钻测井曲线上能确定见到煤层时，再迅速增斜至 90°。如果稳斜角小于 86°，则当煤层变浅时，需要快速增斜进入煤层水平段，狗腿度可能会太大，对工程不利；如果稳斜角大于 86°，煤层加深，就会浪费太长的目的层段。

一般情况下，工程优先选用直井导眼，因其钻井难度小、钻井周期短、成本低、资料录取难度小，如对煤储层有一个整体认识，如煤层构造和储层几何特征横向变化大，则推荐斜井导眼。而"标志层逼近控制法"和"应变法"可以在施工中根据具体情况综合运用。

6.3.2.3　多分支对接水平井的井位标定与对接施工工艺

煤层气开发技术模式选择的结果显示织纳煤田水公河向斜具有实施多分支对接水平井的地质优势。多分支对接水平井技术是指在同一口工程井中采用 2 个或多个层叠状的井眼轨道，开发具有一定间距的 2 个或多个纵向煤层，并采用高精度井眼控制技术与井眼末端施工的单一排采井实施两井多轨道定向连通，多煤层统一排采地面集输的定向井（组）。多分支对接水平井包括多种形式，广义上也包括同一井筒向不同方向、不同煤层延伸的多个井眼轨道与数个排采井组成的井组（图 6-5）。

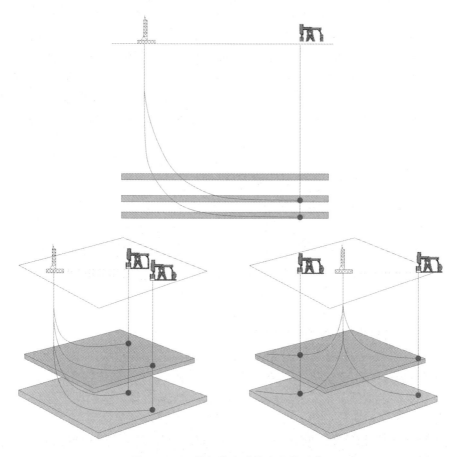

图 6-5　三种多分支对接水平井形式

该种井型兼顾几种井型的优点,多分支对接水平井可以实现一井两层甚至多层联合抽采,达到多口水平井的开发效果,形成平面上多个方位、纵向上多个煤层的立体抽采空间,具有控气产层多、面积大、产量高、经济效益好等优势,对多煤层、薄煤层、富水煤层等复杂目的层位适配性较强。地质地形复杂地区可选择井数少的单方位多轨道进行连通,反之可选择多方位多轨道进行连通。

1. 井位标定

多分支对接水平井井位标定主要包括主井眼方位设计、主井眼下倾或上翘方式。主井眼轨迹个数及长度可根据抽采煤层数、井孔稳定程度等实际情况确定,其方位与井壁稳定性、煤层割理发育状况关系密切,与受地应力的大小和方位、煤层面割理和端割理走向有关。当垂直地应力为最小地应力时,沿最大主应力方向钻进水平井眼最为稳定;当垂直地应力为最大地应力时,沿最小主应力方向钻进水平井眼最稳定;当垂直地应力为中间地应力时,需要通过相关计算确定布井最稳定的方向。而煤层面割理一般平行于最大水平主应力方向,端割理平行于最小主应力方向,为最有效沟通煤层割理系统,便于煤层气和地层水的流流,要求井眼轨迹垂直于面割理方向(最大水平主应力方向)。因此,叠状—对接水平井方位应耦合考虑地应力方向与割理发育方位来确定。地应力测量结果表明,研究区最大水平地应力方向基本近东—西向(即南东—北西方向),割理发育的确切方位则需要通过矿井实际观测等手段实测。

多分支对接水平井由于采用末端对接井排采,考虑到煤层倾角因素,与多分支水平井水平段轨迹采用不同的走向方式,一般采用下倾式轨迹,即沿下山钻进以利于排水采气。在施工工艺上具有钻具摩擦小、容易加压等优点。

2. 施工工艺与方法

多分支对接水平井运行模式下设置了抽采井和工程井,先施工抽采井,后施工工程井。工程直井可采用常规直井井身结构钻至目的煤层后停钻,随后施工工程井。工程井为水平井时,施工顺序为先施工下部煤层,后施工上部煤层。水平井井身结构与常规水平井大致相同,但因为同一井眼要施工多个水平井眼轨道,因此要选择不同的侧钻点、井眼曲率以进入不同埋深煤层。下部井眼套管固井时应在上部侧钻造斜点下入分接箍,完钻后倒开套管,并下入封隔器,侧钻上部煤层造斜段井眼(也可预留特殊套管)。第一个水平井眼轨道对接施工完毕后,进行起钻拔套管作业,在上部煤层预留侧钻点进行下一个井眼轨道的钻进,并与抽采井完成对接连通。

多分支对接水平井各单井井身结构、钻具组合和钻井液体系,原则上可以参照煤层气直井和水平井的施工要求进行安排,但要求按照施工顺序,先施工抽采井,后施工工程井。工程井水平段钻进至排采井100 m左右时,在底部钻具组合中加入强磁接收器,并在排采井目的煤层位置处采用电缆方式下入强磁发射器。当钻头钻进至强磁发射器的探测范围后,位于钻具组合中的强磁接收器就可以不断收到当前磁场的强度值,然后判断当前井眼的三维位置,计算当前测点的闭合方位,同时预测钻头处方位的变化。根据强磁发射器不间断的测量结果,每钻进3~5 m进行一次轨迹测量,及时调整工作面,实时针对直井洞穴中心修正剖面数据,并严格控制井眼轨迹钻至洞穴位置。在钻进过程中,预计距排采井洞穴 2～3 m 时,水平井停止钻进,并将排采井中强磁发射器取出,而后水平井继续钻进,如果出现泵压突然下降,井口钻井液不再返出,则表明连通成功。

6.4　卸压煤层气直井开发技术与关键工艺

6.4.1　卸压煤层气地面井开发技术地质选择

卸压煤层气抽采属于应力释放增透降压模式,是实现高瓦斯低透气性煤层群安全高效开采的主要途径。卸压煤层气地面井开发技术开发煤矿采动煤层中的煤层气,与煤炭开采相关。因而,应用该种技术的一个必要前提是必须与煤矿生产区的煤层开采相结合。在过去的几十年中,该技术已成为主要煤炭生产国的主要煤层气抽采技术[108-111],在国内淮南、淮北、阳泉、铁法等地该技术也得到了广泛应用[111,112]。

6.4.1.1　卸压煤层气开发技术原理

研究区内煤与瓦斯突出矿井众多,部分主采煤层瓦斯含量大,在采掘过各中易发生煤与瓦斯动力现象,瓦斯成为制约矿井生产能力的主要因素[113]。在煤炭开采中,由于煤层存在构造煤发育、煤层渗透性低等瓦斯治理难题,采用本煤层钻孔预抽瓦斯的方法有抽放浓度低、抽采量小的缺点,难以达到预期效果。此外,近距离邻近层卸压瓦斯涌入回采工作面,也给煤炭安全开采增加了难度。在近中距离煤层群分布条件下,通过地面钻井对上部邻近层的采动卸压瓦斯进行抽采,一方面可以减少下方开采煤层工作面回采时上邻近层瓦斯的涌入,且本煤层采空区部分瓦斯也可通过采动裂隙流入井筒而被抽出,减少了回采时工作面瓦斯的涌出。

保护层开采后,岩体中形成自由空间,破坏了原岩应力平衡,从而引起岩层的变形、破坏与移动。根据采空区上覆岩层移动破坏程度,可将上覆岩层分为"三带",即为冒落带、裂隙带和弯曲下沉带[114]。其中,冒落带是上覆岩层破坏并向采空区垮落的岩层带,岩石垮落极不规则。裂隙带是垮落带上方的岩层产生断裂或裂隙,但仍保持其原有层状的岩层带。裂隙带中的裂隙主要有两种:垂直和斜交于岩层层面的破断裂隙和平行于岩层层面之间的离层裂隙,在裂隙带的下部岩层内的纵向裂隙和横向裂隙是相互沟通的,形成流动通道。弯曲下沉带位于裂隙带之上,带内的岩层基本上呈层状、整体性的移动,位于弯曲下沉带内的卸压煤层,一般以膨胀变形为主,为被保护层煤层气横向运移提供通道条件[115]。

煤层卸压和裂隙的产生对上覆煤储层的物性产生很大改造作用,工作面推近直井位置时,被保护煤层中的水通过裂隙带流入采空区,使煤层中储层压力显著降低,吸附于煤层中的瓦斯大量解吸。采动裂隙的增加为解吸出来的瓦斯提供了储集空间和可流动的通道。由于存在压力梯度,本煤层和邻近层卸压瓦斯会通过围岩后生裂隙网络系统进入采空区,瓦斯由于密度而升浮积聚在采空区顶板裂隙带;上覆远距离煤层位于不能产生贯通性裂隙通道的弯曲下沉带内,卸压瓦斯不能流入开采空间,但煤层在平面上发生不同程度的卸压,在横向离层较发育地区易于富集。采空区和被保护层游离瓦斯的聚集和裂隙通道的发育为地面钻井抽采卸压煤层气提供了条件。预先由地面向上覆各卸压煤层打穿层地面钻井,在抽采负压的作用下,解吸煤层气沿顺层张性裂隙流向钻井汇集并被抽采。

6.4.1.2 煤层群分组开采与下位保护层选择

卸压煤层气地面井抽采一般指在开采煤层群条件下,首先开采下伏没有突出危险或突出危险较小的煤层作为保护层,使上覆被保护层应力降低并卸压,通过采煤前在地面施工的钻孔,实现对上覆被保护层卸压煤层气的抽采。可以看出,卸压煤层气地面井抽采是以下位保护层开采为前提的,煤层群是否具有下保护层开采的具体条件及能否选择合适的下保护层是该技术能否有效实施的关键。

在煤层群条件下,当煤层间距较小、可采煤层较多时,应首先对煤层进行分组,采用联合开采的方式进行开采[116]。当开采的煤层数多达十余层甚至几十层时,或者煤层间距较大时,应根据煤层间距、煤厚及倾角等因素对煤层群进行组段划分,每一组段内的煤层再根据具体条件确定开采顺序,进行合理开采。一般而言,煤层组之间具有较大的层间距,同一组内层间距相对较小;同一煤层组内开采煤层的层数不宜过多且在稳定性、煤质、层间距、煤层结构等方面应具有相同或类似的特性。

同一煤层组内,一般采用下行式开采方法。但在某些地质条件下,特别是高瓦斯突出煤层群,必须考虑是否有保护层、保护层的位置(上保护层或下保护层)、首采保护层的选择等因素。如无保护层,一般选择下行式开采,如有保护层,则应首先开采保护层,减轻或消除被保护层的煤与瓦斯突出危险性。对于下保护层,其选择取决于以下地质和开采因素:

① 保护层抽采的一个重要前提,就是需要具备多煤层条件。

② 在被保护层已知的条件下,明确各煤层(一般应为可采煤层)的瓦斯压力、瓦斯含量、煤层厚度及其稳定程度、煤层倾角、各煤层间距、各煤层间岩性、结构及其力学性质等。

③ 为避免煤炭开采对后期地面抽采的影响,选用地面井抽采卸压煤层气时,保护层应选择下保护层,即对煤层群进行上行开采。

④ 保护层应为含气量相对较小(无煤与瓦斯突出或煤与瓦斯突出但危险性相对较小)、瓦斯压力较低,且能使邻近层得到最大保护面积的煤层。

⑤ 保护层开采技术的应用是对被保护层卸压并将瓦斯有效抽采,其效果直接体现在被保护层裂隙发育程度和渗透性是否增大两个方面,因此,保护层的选择还应满足被保

护层的基本膨胀变形,以确保较易抽采卸压煤层气。

⑥ 保护层的选择应使被保护层得到确实保护且以不破坏被保护层的开采条件为前提。前者要求被保护层在有效层间距以内,有效层间距可根据煤层倾角、保护层厚度及顶板管理方法等参数确定。后者要求具有在煤层群上行开采的可行性。

下位煤层的采动必然导致上覆岩层产生大量裂隙,甚至引起煤(岩层)在纵向上产生台阶错动,破坏煤层结构,制约上行开采。中近距离煤层群上行开采尽管可能会破坏上部煤层的开采条件,但成功者在国内也不乏实例,如表 6-7 所示。煤层间距从 4 m 到 17.3 m 不等,层间岩性不同,煤层倾角也有较大变化,但上层煤开采时采掘都能够正常进行。受煤层间距、下位煤层采高、岩性及层间结构、采动间隔时间等多种因素制约,采用围岩平衡法、"三带"判别法、比值判别法[117]均可对上行开采可行性初步判别。对于近距离煤层群,可能不具备上行可采的地质条件,因而更宜采用井下抽采方式。

表 6-7 近距离煤层群上行开采实例(汪理全,李中颃,1995)[117]

矿井名称	上煤层号,采高(m) 下煤层号,采高(m)12	煤层倾角(°)	煤层间距(m)	$K=H/M$	层间岩性	采煤方法	上、下煤层开采间隔时间(月)	上煤层开采情况
中梁山矿	1 号,3.0 2 号,0.8	55	5.5	6.9	石灰岩页岩互层	长壁全陷	18	局部煤层脱离顶板、底板有裂缝
徐州南庄矿	21 号,0.60 22 号,0.60	12	8.62	14.3	砂岩灰岩	长壁全陷	18~24	采掘正常
吕家坨矿	7 号、8 号,2.0 9 号,1.4~1.6	10~15	10	6.7	砂岩 40%、页岩 60%	长壁全陷		采掘正常,底板裂缝 40 mm,漏风
同家梁矿	7 号,1.4~1.5 8 号,1.8~2.0	3~4	11.4	6	砂岩	长壁全陷	180	采掘正常,煤层离层、松软
甘霖矿	17 号,0.55 18 号,0.86	10.5	13.5	15.7	中砂岩页岩	长壁全陷	62	采掘正常,煤层顶板局部淋水
唐山矿	9 号,5.73 12 号,2.23	5~15	16.8	7.2	泥质页岩	长壁全陷	23	采掘正常
唐家庄矿	11 号,1.21 12 号,5.2	18~24	17.3	3.3	细砂岩 72%,其余页岩	长壁全陷	48	采掘正常

上述条件表明,保护层的选择受地质条件、煤炭开采与钻井工程的限制,取决于具体

地质条件的有效配置,水城发耳、老鹰山、汪家寨,六枝地宗,盘县两河、雨谷、月亮田等矿井均具有下保护层和卸压煤层气地面井抽采的初步条件,但某一地区可能并不能完全满足所有的条件,从而制约了卸压煤层气地面井开发技术的应用。

下位保护层选择可根据以下模式初步判断:

假设某井田自下而上发育 A、B、C、D 4 层煤,均为主要可采煤层,如图 6-6(a)所示。其中,B、C、D 煤层瓦斯含量大、压力高,具有突出危险性,而 A 煤层煤质硬、瓦斯含量低,没有突出危险性,且 B 煤层与 A 煤层间距 40 m,可选择 A 煤层作为下保护层开采并选择地面采动区井卸压抽采技术对 B、C、D 煤层所含气体进行抽采。

如果煤层赋存以薄煤层组为主,为安全开采上组煤层,可将下 A 组煤作为保护层开采,通过保护层开采的卸压作用和地面钻井的抽采,大规模抽取卸压煤层气并消突。在开采 1 层 A 煤层无法完全保护到 B 组煤层时,采用 2~3 层 A 组煤层的组合开采,实现对 B 组煤层被保护层的完整保护,如图 6-6(b)所示。A 组煤层中保护层的选取原则是由上到下选择,优先选择 A_1 煤层,若 A_1 煤层不能回采再考虑 A_2 和 A_3 煤层,A_1 煤层的开采不会破坏 A_2 和 A_3 煤层的开采条件,一旦条件成熟后便回采 A_2 和 A_3 煤层。A 组煤下保护层开采后,B_1 和 B_2 煤层得到卸压,通过地面钻孔抽采卸压煤层气,将高瓦斯煤层转变为低瓦斯非突出煤层。

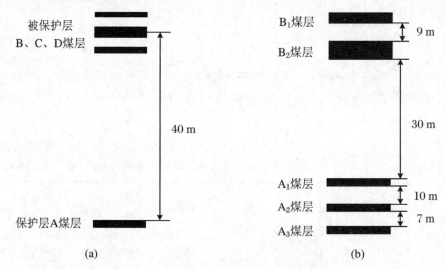

(a)   (b)

图 6-6 卸压煤层气地面抽采保护层选择图示

6.4.1.3 关键层与遮挡层分析

卸压煤层气开采机理揭示,即使渗透率极低的煤层,也会由于开采引起的覆岩移动而让渗透率数十至数千倍地增大,从而为地面抽采创造有利条件。但是,上覆岩层中往往存在一些极为重要的岩性层位,使被保护煤层卸压效应和卸压抽采效果存在极大差异,如关键层、封闭性强的泥岩层等。这些岩性层位的赋存位置、厚度及其力学性质等因素是影响地面井抽采效果的重要因素。

关键层由于具有弹性模量相对较大、强度较高和较厚的岩层厚度而对覆岩的变形与破坏起主导控制作用。对于中—远距离的保护层卸压开采效应，如果在被保护层和保护层之间存在较厚结构的关键层，且关键层位置距离保护层较远，在下保护层的开采中只会发生较小下沉变形且与上覆全部或局部岩层同步协调，并不会产生明显的破断。这一特征极大弱化了下保护层的开采对处于关键层上方的被保护煤层的卸压作用，即使被卸压煤层没有发生明显的移动变形，采动次生裂隙发育受限，卸压效应也并不突出，从而不利于被保护层煤层气的解吸和渗流。对于近—中距离的保护层卸压开采效应，如果在被保护层和保护层之间存在较厚结构的关键层，由于关键层距离保护煤层较近，关键层在下保护层的开采过程中，将会由初始的弯曲变形特征表现为后期的破断，关键层破断后保护层的保护作用逐渐明显，进而导致上覆岩层的破断，引起较大范围的岩层移动，岩层移动高度会突破被卸压煤层并向上发展。这种特征明显区别于中—远距离的保护层卸压开采效应，具有覆岩移动变形明显、被卸压煤层膨胀变形明显、采动次生裂隙发育、渗透性大大增加等一系列显著的卸压效果，有利于卸压煤层气抽采。被保护层和保护层之间如果没有关键层，无论是中—远距离还是近—中距离的煤层间距，随着煤层开挖，工作面周期来压都会引起岩梁周期断裂并向上发展，但由于无关键层的控制作用，卸压作用将会随距离增大而逐步减弱，而不会出现明显的间断。然而，对于卸压效应而言，后者较前者更为显著，更利于煤层气的卸压抽采。

对关键层及其对覆岩的控制作用已有深入研究，事实上，在现实中，煤系岩层中一些岩性致密、封闭性较强的厚岩层虽然不具有较强的力学性质而成为控制覆岩运动的关键层，但它们却由于具有较高塑性及密闭性而控制了煤层气抽采的效果。因此，我们把这种对气体具有岩性封闭阻碍其运移继而影响煤层气抽采效果的岩性层位称为遮挡层。本文所指的"遮挡层"既不是传统意义上的"结构关键层"，也非完整意义的"隔水关键层"，而是一类特殊的"隔水关键层"，即从岩层控制气体导流通道发育的角度阐述了部分岩性由于自身性质的特殊性在卸压瓦斯的运移过程中发挥的特殊的阻气作用。在覆岩破坏后，由于岩体挤压变形、破坏、微颗粒与流体混入或充填引起的导气裂隙通道改变、渗透性失稳或煤层距离较远等原因，遮挡层对卸压瓦斯的运移方向、流态与渗透形式起支配作用。一般来说，遮挡层具有如下特征：

① 遮挡层是从瓦斯渗流的视角对隔水（保水）关键层的延伸与发展，在一定程度上发挥着隔水（保水）关键层或渗流关键层的作用。

② 遮挡层相较其他岩层渗透性较小、厚度较厚、较软，即弹性模量较小，强度较低。

③ 遮挡层并非全部岩层或局部岩层的承载主体，其下沉变形受承载关键层控制。

④ 遮挡层具有较强的塑变性和遇水膨胀性，具有裂隙自闭合效应，影响卸压瓦斯的流动与汇聚。

⑤ 遮挡层可以是单一岩层，也可以是若干软岩复合而成，但与传统意义上的隔水关键层不同，破断前后的结构关键层均不构成遮挡层，仅有部分较厚的隔水关键层才能构

成遮挡层。

遮挡层和被保护煤层的相对位置关系决定了卸压瓦斯的储存与运移状态,是确定优先抽采技术的前提条件,因而以遮挡层和被保护层所处相对位置及其在覆岩"三带"中的位置关系界定遮挡层结构类型是进一步探讨遮挡层在卸压瓦斯抽采中的作用机制的基础之一。

(1) 遮挡层结构(Ⅰ)

厚遮挡层与被保护煤层均在采空区上方裂隙带内且一般位于裂隙带中上部,遮挡层在被保护煤层下方,如图6-7(a)所示。遮挡层起一定阻气作用,其内部次生裂隙在工作面回采期发育增强,渗透性增加,但在采场中部上方压实区后期受围压、岩性控制与颗粒堆集作用控制裂隙有闭合现象,渗透性减弱。当遮挡层位于裂隙带顶部时这种现象更为明显,如果位于裂隙带中、下部则因采动作用较强而不起或少起"遮挡层"作用。在工作面采后期至回采完毕,被保护煤层瓦斯较多地通过横向裂隙横向运移,并在被保护煤层及其上部顶板高位区域聚集;纵向向下运移时受遮挡层作用,难以穿过该层。该地层结构类型对于遮挡层之上发育多个卸压煤层内的瓦斯运移同样适用。

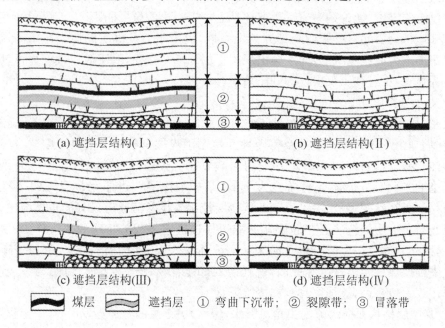

(a) 遮挡层结构(Ⅰ)　　　　　　　　　(b) 遮挡层结构(Ⅱ)

(c) 遮挡层结构(Ⅲ)　　　　　　　　　(d) 遮挡层结构(Ⅳ)

〰〰 煤层　　　〰〰 遮挡层　　① 弯曲下沉带;　② 裂隙带;　③ 冒落带

图6-7　遮挡层结构基本类型

(2) 遮挡层结构(Ⅱ)

遮挡层和被保护煤层均在弯曲下沉带内,遮挡层在被保护煤层下方,如图6-7(b)所示。弯曲下沉带内较多发育横向离层裂隙,纵向裂隙不甚发育,卸压瓦斯难以向下运移;致密厚遮挡层的存在进一步限制了裂隙的发育程度,仅有少量瓦斯能突破远距离岩层和厚遮挡层限制,到达煤层采动空间。被保护煤层高位区及其顶板为瓦斯汇聚区。

（3）遮挡层结构（Ⅲ）

下部遮挡层和被保护煤层均在采空区上方裂隙带内,遮挡层在被保护煤层上方,如图6-7(c)所示。裂隙带内次生裂隙包括纵向裂隙和横向裂隙,但在上部遮挡层中发育相对较差或裂隙形成后被弥合充填。遮挡层对下部被保护煤层瓦斯不起遮挡作用,瓦斯可沿发育的网状裂隙通道流入回采空间,且瓦斯由于升浮力作用易在遮挡层下被保护煤层之上的离层位置处聚集,形成瓦斯富集源区。遮挡层上部的煤层瓦斯运移状态同地层结构（Ⅰ）模式类似,极少穿过遮挡层向采空区流动。

（4）遮挡层结构（Ⅳ）

遮挡层和被保护煤层均在弯曲下沉带内,遮挡层在被保护煤层上方,如图6-7(d)所示。被保护煤层在向下运移过程中的裂隙通道很少受阻碍,但由于距离首采煤层远,仅有部分瓦斯能突破远距离岩层限制到达煤层采动空间。瓦斯沿层面横向运移并向上升浮,在卸压煤层上、遮挡层下的有利位置形成富集区。

在生产实践中以上述前两种地层结构类型较为典型,此外还存在地层结构中有多个被保护煤层或无遮挡层、遮挡层和被保护层均位于冒落带或裂隙带中下方、遮挡层与被保护层分属"三带"中的不同带内、遮挡层和下位被保护层等其他形式,但由于情况与以上两种类似或遮挡层不起作用,在此不再赘述。

在前述4类地层结构类型的条件下,遮挡层作用机制有所不同,但主要是以下4种作用:叠加应力作用下岩体变形变位的挤压作用、软弱岩性矿物遇水膨胀堵塞作用、流体携带物质堆集作用和裂隙发育强弱作用。这4种作用方式在不同地层结构中以某一类作用为主,几种类型综合起作用。

在遮挡层结构（Ⅰ）条件下,裂隙带内覆岩的纵向下沉与横向变位程度高,裂隙发育程度高致使遮挡层不起作用,但当遮挡层位置在裂隙带上部时其内部发育裂隙也易于挤压闭合,在软弱岩性矿物遇水膨胀与流体携带物质充填的综合作用下,上部软弱岩性颗粒向下运移,由于运动速度渐缓或导流通道变窄而堆集;同时,部分岩石矿物颗粒遇水膨胀,在胶结充填采动裂隙的同时弱化了岩层的力学强度,形成对导气裂隙和通道的阻塞和闭合,改变了瓦斯运移趋向。即遮挡层岩性的微观结构及其理化性质决定的物理膨胀性和遇水软化性是阻塞纵向裂隙以至闭合（自愈合性）的主要因素。这种结构为导水裂隙带内含遮挡层的特殊形式,裂隙的闭合及岩层渗透性演化不仅阻碍了卸压瓦斯向回采工作面运移,同时也一定程度上隔断了遮挡层之上含水层向工作面的导入。在遮挡层结构（Ⅱ）条件下,覆岩以弯曲变形为主,次生裂隙多为横向离层裂隙,难以构成立体裂隙网络。在遮挡层内部的采动裂隙与下部导水裂隙带相比发育较少,连通性较差;同时受遮挡层厚度与流体携带物质充填作用控制,采动裂隙后期部分闭合且相互之间难以有效连通。瓦斯运移以沿离层的横向运移为主,纵向运移缺少有效路径,并进一步受遮挡层控制（内部次生裂隙发育较弱）,难以突破该层,且由于弯曲下沉带距离开采煤层较远,卸压瓦斯难以流入采动空间。

遮挡层与开采煤层距离、煤层采高、顶板断裂块度及碎胀压实特性等决定了裂隙开合程度与软弱岩性遇固—液介质的充填程度,地层结构、岩性、流体与固体颗粒则决定了遮挡层裂隙的弥合与阻塞程度,二者综合作用控制了遮挡层的阻气效果,其中,遮挡层的水力性是阻气效果的内在控因。一般而言,遮挡层距离开采煤层越远,采动裂隙发育程度就越弱,同时也越易闭合,遮挡作用也越明显;遮挡层距离开采煤层较近时,采动裂隙十分发育且难以闭合,遮挡作用趋弱。在不发生覆岩结构严重损坏的情况下,如果遮挡层发育在裂隙带顶部或弯曲下沉带内,塑性岩体的体积膨胀度能够超过采动裂隙张开度,并在工作面后方压应力区的压实作用下,采动裂隙可以有效闭合,则遮挡层可有效阻挡卸压瓦斯向上或向下流动。黄庆享等(2010)、徐智敏等(2012)均借助室内测试分析与模拟对煤层顶板隔水层采动裂隙的闭合进行了验证[118,119],结果表明,遮挡层中的蒙脱石(包括伊/蒙混层)含量越高,其膨胀程度越大;层位距煤层顶板的距离越大,膨胀程度亦越大;在不发生顶板结构严重破坏的情况下,当遮挡层的体积膨胀率大于采动裂隙的发育率时,采动裂隙将实现有效闭合。中间岩层如果较厚或存在结构关键层,则遮挡层受到的支承压力会减小,形成对遮挡层的保护作用,减弱遮挡层内部裂隙发育情况,有利于裂隙充填闭合。遮挡层如位于裂隙贯通区,则失稳后采动裂隙难以闭合,被保护煤层与开采层间仍被裂隙导通,卸压瓦斯将会大量涌入开采层。因此,遮挡层发育于采场冒裂带或裂隙带中下部时,难以起到作用。但在地层结构(Ⅲ、Ⅳ)条件下,卸压煤层处于遮挡层下方,遮挡层中的裂隙堵塞或闭合特性对卸压煤层及其下部岩层裂隙发育状态没有影响,卸压瓦斯仍能够通过沟通的次生纵向裂隙向采空区运移,但瓦斯在向上升浮过程中受遮挡层高度控制而会在有利部分富集。

如前所述,遮挡层是一类对卸压瓦斯流态具有特殊作用的"隔水关键层",可以是单一岩层,也可以是由若干软岩复合而成,但与传统意义上的隔水关键层不同,其破断前后的结构关键层均不构成遮挡层,只有部分较厚的隔水关键层才能构成遮挡层。岩层是否具有阻气能力而成为遮挡层,与岩层本体特性如岩性、厚度、矿物类型、力学性质及其与开采煤层的空间相对位置有关,可以结合采动渗流理论和隔水关键层[120,121]进行理论上的判断。定义 k 为顶板瓦斯渗流失稳系数,则

$$k = \frac{4\rho_0(p_0 - p_n)\sum\limits_{i=1}^{n}\dfrac{1}{c_a^i}\sum\limits_{j=1}^{n}\dfrac{\beta_i h_i}{c_a^j}}{\left(\sum\limits_{i=1}^{n}\dfrac{\mu h_i}{\alpha_i}\right)^2} \tag{6-3}$$

式中,h_i 为 n 层岩层中各层的厚度;α_i 为渗透率;β_i 为非 Darcy 流 β 因子;c_a^i 为加速度系数;p_0、p_n 为两端的压力;μ 为瓦斯的动力黏度系数;ρ_0 为参考压力 p_0 下对应的瓦斯质量密度。

当 $k<1$ 时,遮挡层具有阻气作用,不会出现渗流突变;当 $k \geqslant 1$ 时,遮挡层不具备阻

气作用,会出现渗流突变,即瓦斯会产生越流,突破岩层而运移。

卸压煤层气的渗流强烈依赖于采动形成的次生裂隙,遮挡层的存在形成了对次生裂隙发育程度的限制,必然对地面和井下的抽采效果都产生影响。如果遮挡层距离下保护层较近,那么岩层的周期断裂将会穿过遮挡层并纵向发展,在裂隙带的纵向和横向裂隙较多发育,沟通采空区与地面井抽采井筒,降低地面井抽采浓度,但抽采量加大。如果遮挡层距离保护层相对较远,由于其力学性质表现出的较高塑性,且遇水易膨胀,容易堵塞瓦斯的溢出通道。这种情况下,一方面,瓦斯不能通过发育的纵向裂隙向采空区运移;另一方面,下保护层开采后亦难通过井下对上部煤层瓦斯的抽采释放上部煤层瓦斯压力,抽放不能达到预期效果。然而,遮挡层的存在恰恰是地面井抽采的最有利因素之一。遮挡层的存在不仅阻挡了采空区气体的升浮,也阻碍了上覆煤层高浓度瓦斯气体向采空区运移,形成了地面井抽采的有利地质条件。在采动范围之内,遮挡层虽然阻止了瓦斯向采空区的纵向运移,但瓦斯可以通过采动产生的水平裂隙流向地面抽采井筒,从而提高抽采效果,具体表现在抽采浓度提高上。

6.4.2　卸压煤层气开发技术

煤层群的客观存在是实施卸压煤层气地面抽采技术的极有利条件。在高应力低渗构造煤发育区,地应力与煤体结构极大地制约了煤层气的原位可改造性,但相关地质条件为煤层卸压改造创造了优越条件。卸压煤层气地面抽采技术实施的前提是存在以多个煤层有利于保护层的选择,并同时满足保护层开采不影响或不破坏未开采煤层的开采条件。以此为原则,进一步考虑下位保护层的位置、煤层间距、煤层稳定性、瓦斯压力和瓦斯含量、层间岩性等具体因素,确保被保护层具有基本膨胀变形,促使采动裂隙发育和渗透性增大,增强气体导流能力。下位保护层一般要选择含气量相对较小(无煤与瓦斯突出或煤与瓦斯突出危险性相对较小)、瓦斯压力较低、有一定厚度的煤层。而煤层群多有独立含气系统存在(即在含气性或吸附性上体现为相邻煤层或同一煤层含气性一般违背吸附性定理[122],下部煤层含气量可能高于上部煤层),这进一步为保护层的选择提供了基础。以下位含气系统中的上部可采煤层为保护层先行开采(图 6-8),可使上位独立含气系统中一定距离内的一个或数个煤层均得到有效卸压而产生应力释放,从而使煤体迅速膨胀继而气体流动通道畅通,使储层能量快速降低,最终为地面钻井抽采被保护煤层的卸压煤层气创造了极佳条件。盘江矿区老屋基矿井在 131219 工作面回采前,对上被保护层实施卸压改造,地面钻井涌出煤层气浓度高达 85%,初步证实了储层卸压改造效果。而六盘水地区煤层气含气系统多为无统一压力的含气系统组合[78],具有典型的多煤层、低渗、煤体破碎等特征,是实施煤层卸压改造的优先地区。

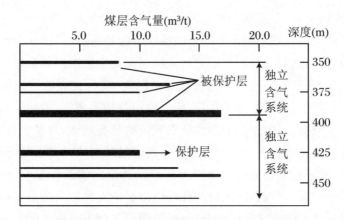

图 6-8　卸压煤层气地面抽采保护层选择图示

6.4.2.1　卸压煤层气开发的地质设计

卸压煤层气开发的地质设计主要是指根据煤炭开采规划和瓦斯抽采利用要求,对煤层群分组并选择下保护层,为卸压煤层气的地面开发提供初步依据。对煤层群的合理分组是以保证正常采掘接替和减少巷道工程量为基本条件的,主要考察煤层群是否具有合适的煤层间距、煤层倾角等。对于下位保护层开采和卸压煤层气地面抽采,一般要首先满足先开采煤层不影响或破坏未开采煤层的开采条件。此基础上,进一步考虑下位保护层的位置、煤层间距、煤层稳定性、瓦斯压力和瓦斯含量、层间岩性等具体因素,进行下保护层开采的可行性论证,选择合适的开采顺序。如果存在上保护层或无下保护层,则需按照由上自下的下行开采顺序正常开采,即不具有卸压煤层气地面抽采的开采条件。如有下保护层,且满足可不破坏未开采煤层的开采条件时,则首先开采下保护层。在可以进行下保护层开采的前提下,根据煤炭生产需要、煤层间距远近,进一步明确抽采目的。如果煤层间距较远,则以抽采中—远距离被保护层卸压煤层气为主,为以后上保护层的开采提供保障;如果煤层间距较近,以抽采邻近层卸压范围内的煤层气、本煤层卸压瓦斯为主。依照地质设计,在已选定的开采工作面,可进一步进行井位确定和井身结构设计。

6.4.2.2　卸压煤层气开发的井位设计

井位的设计需要着重考虑井孔稳定性和抽采有效性两个方面。采动影响下,采场上覆岩层被破坏,将产生垂向位移和水平位移,这使得地面钻井也随之产生位移和变形。根据施工要求,卸压煤层气地面井必须在工作面开采前施工完毕,也就是说工作面开采后,地面井不可避免地会受到采动覆岩的影响。在保护层工作面开采前,顶板岩层为原始岩层,存在于顶板内的应力为原岩应力。在保护层工作面开采后,原始应力平衡状态被破坏,围岩应力重新分布,上覆岩层重量分别由前后方及两侧煤柱、采空区冒落矸石支撑,形成支撑压力,采空区顶板一定范围内的岩层内出现应力降低区,而工作面四周一定范围的煤柱内出现应力集中区,与此对应,在这一范围的岩层将分别承受拉伸和压缩变形(图6-9)。根据应力的变化趋势与岩层移动特征,在充分采动区内,岩层成层状向下弯曲,承受的重力将转移到工作面前后方和机风巷两侧的煤体上,从而在采空区上方形成卸压区。岩石压缩区内,存在沿层面法线方向的拉伸变形和压缩变形,形成应力集中区。最大弯曲区内,岩层具有最大的向下弯曲程度,在层内产生沿层面方向的拉伸和压缩变形。由于工作面开采后,覆岩具有动态移动特征,地面钻井不论选择在工作面内任何位置,均会在采动过程中产生一定程度的形变甚至破坏,因而只能依据岩层移动规律优化布井位置,减小破坏程度。

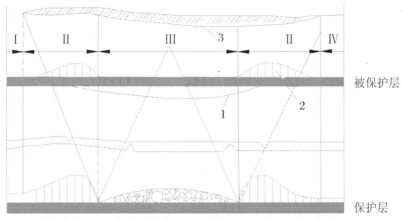

Ⅰ.正常应力区; Ⅱ.应力区集中区; Ⅲ.卸压区; Ⅳ.压力恢复区;
1.下沉曲线; 2.垂直方向应力; 3.地表下沉曲线

图6-9　采动覆岩影响范围分带

(于不凡,2005,修改)[123]

岩层移动规律同时表明:开采工作面推进初期,采空区上部覆岩的裂隙最为发育,形成卸压煤层气的富集区;但随开采工作的推进,覆岩向下弯曲并逐渐压实,在采空区上方形成压缩区,裂隙发育程度降低。而在采空区四周,受煤柱支撑和拉伸作用,采动裂隙得以持续存在并互相贯通。因此,采动中后期采空区四周距离煤柱一定距离的覆岩层形成了游离态煤层气的富集区。因此,地面钻井的井位需综合考虑井孔稳定相对有利区和储层改造有利区这两个主要因素,合理布置。

6.4.2.3　卸压煤层气井身结构设计

卸压煤层气地面井井身结构一般包括表层套管、技术套管和生产套管三个部分。表层套管的作用主要是防止第四系地层的坍塌并保护继续钻进。研究区内第四系松散层普度发育厚度较小,部分地区甚至基岩裸露,因此表层套管段一般相对较短。表层套管一般下至基岩以下5~10 m。研究区原设计采用的套管直径为 Ø273 mm,但也可根据实际需要采用 Ø244.5 mm 直径的套管。技术套管的主要作用是防止基岩段井壁破裂,破碎岩石堵塞输送管道或基岩水流入井内而影响产气效果。技术套管段是井孔不稳定,套管容易产生变形、破坏的高危段,因此,应采用高强度、小半径套管。前述开发试验所

采用的 Ø 219×6 mm 套管难以适应岩移带来的破坏,因此可采用 Ø 177.8×12.65 mm 规格的技术套管,并下至距离被保护层顶板以上 20～40 m 处并固井。生产套管一般下至开采煤层顶板以上 5～17 m 处,一般采用筛管,使被保护层的卸压煤层气和保护层卸压瓦斯均能通过筛管进入钻井。冒落带和裂隙带是采动岩移的剧烈区,因此,生产套管也须选择高强度套管。

根据盘江矿区的卸压煤层气地面开发试验给予的启示,结合壁厚、管径与套管承载能力的关系(图 6-10),认为大壁厚小管径的套管具有更高的抗变形能力。在技术套管与生产套管的重点破坏段采用高强度套管(如 N80 钢级)替代普通无缝钢管能够初步实现钻井所受载荷与套管强度的匹配,满足抽采井稳定性的需要。同时,借鉴铁法矿区和淮南矿区卸压瓦斯抽采实践经验,表层套管可选用 Ø 244.5×10 mm、Ø 244.5×11.05 mm 石油管;技术套管可选用 Ø 177.8×9.17 mm 石油管;筛管可选用 Ø 139.7×9.17 mm、Ø 177.8×12.65 mm 石油管。同时,为改善套管强度,可采取一系列局部措施,如在关键地层段增加活管节、筛管内增加支撑件,采用套管接头外焊接钢筋条,即套管接头外加钢筋以提高套管接头的抗拉强度等。表层套管主要是为了封堵第四系水,减少水进入井体内,影响抽采效果。基于试验区较浅的表土深度(约 20 m),表层套管的选择与使用对套管的整体稳定性的影响并不明显,采用 Ø 311.1 mm×Ø 244.5 mm(壁厚 6.5 mm)的结构即能满足生产要求。借鉴成功经验,从强度和直径两个角度优化技术套管,并在生产套管段下入高强度筛管,可为工作面回采后抽采做好技术准备。优化井身结构如图 6-11 所示。

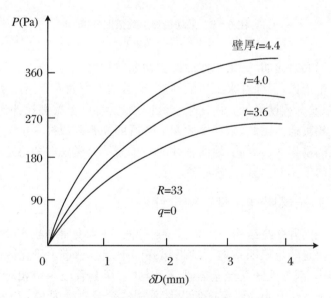

图 6-10 壁厚与管径对套管变形的影响

(胡湘炯,2003)[124]

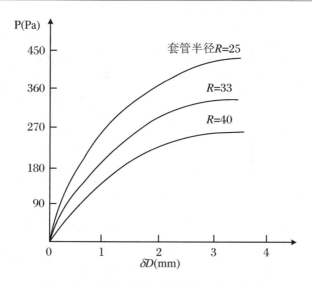

图 6-10　壁厚与管径对套管变形的影响(续)

(胡湘炯,2003)[124]

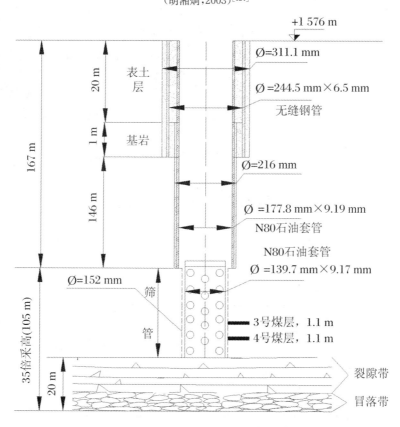

图 6-11　采空区地面直井井身结构优化设计图

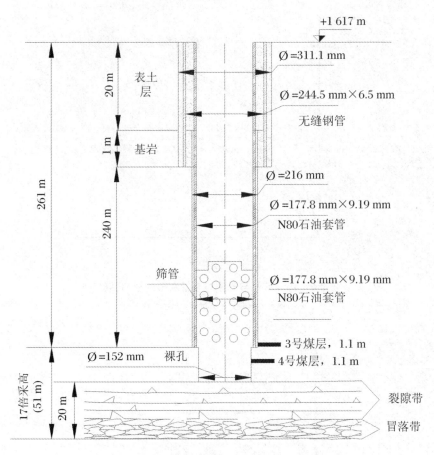

图6-11　采空区地面直井井身结构优化设计图(续)

6.4.3　井孔高危位置识别与预防

维持卸压煤层气地面井的稳定性是卸压煤层气开发的关键技术之一。2008年在盘县老屋基施工的地面试验钻孔即在抽采不久后停止产气,失败原因之一即为地层移动致钻孔错断,国内其他矿区也不乏此例。尽管地面井变形破坏的本质在于采动作用下覆岩移动在抽采井某一点的应力集中超过其本身刚度限制,满足了套管的破坏条件,但地层结构作为施加给套管的直接作用力载荷,其作用不可忽视。查明地层结构与岩性差异,深化对钻井稳定性的地质选择性认识,可避免开发技术选择失误并强化相关工艺。

6.4.3.1　井孔破坏的动力来源与条件

煤层采动过程中覆岩应力的动态分配表现为原地应力场和采动应力场的叠加,特别是叠加局部水平应力场和水平应力的不均匀变化,使覆岩显现纵向非均匀性位移、垮落和反复性的水平错动,成为井孔破坏的动力学来源。该过程随回采过程具有动态平衡特点,工作面顶板初期来压及周期来压形成的煤层顶板初次断裂和随后的周期性断裂使得覆岩破断由下至上具有传递性、间歇性并有随层位向上发展逐渐变弱等特点,覆岩断裂受控于主次关键层的运动,关键层的性质及其与开采煤层的高度控制顶板岩层周期性断裂,是井孔套管受力破坏的间歇性动力。同时由于覆岩内各岩层力学性质、存在弱面、抵抗变形的能力不同以及各岩层距离回采工作面距离的远近有异,使不同深度、层位覆岩的移动及破坏方式、位移量与方向均有区别,这些条件构成井孔破坏的外在因素。基于上述前提,井孔套管受其本身材质刚度、几何尺寸等限制,一旦覆岩移动诱发某点的应力集中超过其刚度,即形成套管破坏条件。因此,从宏观动力学角度分析,抽采井孔破坏的动力起源于局部地质环境改变所产生的局部应力平衡被打破,导致局部应力发生的变化,而非直接受控于区域构造应力场即受控于地壳块体发生变形与变位时所释放的动力。

6.4.3.2　井孔破坏的地质作用机制

覆岩移动主要表现在垂向上的垂直位移和水平方向的水平位移,使套管破坏的力量来自垂直和水平这两个方向。根据开采覆岩的移动机理,笔者认为井孔的破坏主要存在水平剪切破坏和垂向拉伸破坏两种形式,在不同岩性段和受采动影响强弱不同的区域,其作用机制不同,主要分为以下几个方面:

1. 地层结构与岩性诱发的水平剪切

煤炭开采中的岩层移动首先在何处发生取决于岩体本身的力学性能,即当岩体内承受水平应力超过岩体抗剪强度时,将会首先发生岩体的水平移动。在基岩段的整个地层结构中,岩体内部结构紧密,强度较高,而只有在岩性交界面或构造结构面处具有弱的力学性质,当采空区形成,覆岩经受水平拉应力时,将会首先在力学弱面处发生岩层错动,而不是在岩层内部,即岩体移动将会首先发生在岩性交界面、层理面或构造结构面。在地层倾角较大时,位于弱面下方的岩体更易失去或减小对弱面上方岩体的支承能力,在岩体自重荷载产生的压应力 σ_z 的作用下,上部岩体沿弱面产生的剪应力 τ 增大,遭遇井筒时,势必给套管施加横向的剪切力,形成套管的破坏条件(图 6-12)。因此,结构面的分布、特征及组合关系,即岩体结构为岩体稳定的内在因素,它决定岩体的稳定程度、可能变形和破坏的边界条件、方式、规模及特性等[125]。

但并非所有的结构面都会发生岩移,只有那些抗剪强度小于水平拉应力的岩性交界面才会更易发生岩移。岩体在哪个交界面上发生滑移则取决于交界面的抗滑阻力,其大小取决于交界面两侧的岩体特征、结构面内充填物质和厚度、结构面的起伏形态等,一般用内聚力(C)和内摩擦角(φ)综合反映这种特性[126]。根据 Coulomb 提出的计算公式,设采动前处于稳定状态时的交界面的抗滑阻力为 τ_0,则有

$$\tau_0 = C + \sigma\tan\varphi > \tau \tag{6-4}$$

式中,σ 为剪切面上的法向压力(MPa);φ 为岩(土)的内摩擦角(°);C 为岩(土)的内聚力(MPa)。

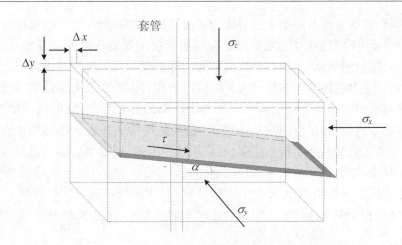

图 6-12 岩层滑移与套管剪切（Δx，Δy 为位移量）

覆岩受采动后，内聚力 C 减小为 C'，内摩擦角 φ 减小为 φ'，这使接触面上的极限抗剪力减小为 τ'。当

$$\tau' = C' + \sigma\tan\varphi' \leqslant \tau \tag{6-5}$$

时，接触面上方岩体在剪应力作用下产生沿层面方向的滑移，形成层间剪切带，就会剪切套管。

此外，黏土具有相对较弱的力学性质。黏土主要由黏土粒和粉粒组成，其力学效应主要与其厚度、含水量、具体类型有关。

黏土层厚度的变化对其力学性质的影响可由摩擦系数和内聚力表示。其规律是随着厚度增加，黏土的摩擦系数 f 逐渐降低，内聚力 C 则是先增大后减小（图 6-13）[127]。这表明，在其他条件相同的情况下，厚黏土层比薄黏土层具有更低的力学强度。根据不同厚度黏土夹层 σ-ε 的关系（图 6-14）[127]，黏土层较薄时，破坏位移量较小，具脆性破坏特征；夹层变厚，曲线平缓，临近破坏时位移量急剧增大，具塑性破坏特征。由此可知，当黏土层薄时，抗剪强度主要受强度较弱的岩性交界面控制，在采动过程中易产生剪切破坏和张裂，形成较大范围剪切，甚至可突破上下层间界面，因此具有较高的摩擦系数和强度，抗剪强度高，不易使套管在较薄层位处发生位移破坏；但当厚度超过一定值后，黏土层本身起控制作用，夹层产生的张裂隙少，剪切面平整光滑，因此其抗剪强度低[127,128]。由此表明，当刚性套管穿过厚软弱层时，更易在其内部受剪切而很少发生在交界面。

随着黏土中含水量的增加，其凝聚力 C 和强度会随时间降低，同时也会引起膨胀变形。煤层开采后黏土层上覆的含水层可能会形成一定的自由通道，那么，水会不会由通道进入黏土层，从而使黏土层抗剪强度降低或因膨胀而破坏套管呢？地层水沿一定的通道进入黏土层是可能的，但由于黏土的渗透系数小，在其所受应力状态变化时，孔隙率含水量变化相当缓慢，因此水改变黏土层强度的作用不明显。作为外在因素，地层水的进入对弱化黏土层强度只可能起附加作用。

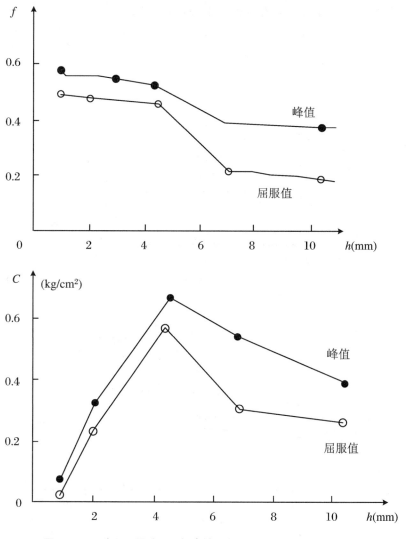

图 6-13　黏土层厚度(h)与摩擦系数(f)和内聚力(C)的关系

根据 Adony 的研究,在层状岩体中破坏首先是发生在交界弱面处还是在岩体内部,取决于以下条件[129],即若存在

$$\sigma_1 - \sigma_3 = \frac{2(C_\omega + \mu_\omega \sigma_3)}{(1 - \mu_\omega \cot\beta)\sin 2\beta} \quad (6-6)$$

式中,σ_1 和 σ_3 分别为最大、最小主应力;μ_ω 为弱面的内摩擦系数;$\mu_\omega = \tan\varphi_\omega$;$\beta$ 为弱面的法向与 σ_1 夹角。

当 $\varphi_\omega < \beta < \pi/2$,且 $\sigma_1 - \sigma_3$ 的大小段满足上式的关系时,弱面即有可能破坏滑移,否则,岩石破裂将为本体破坏,其关系为

$$\sigma_1 - \sigma_3 = 2(C_0 + \mu_0 \sigma_3) \left[(\mu_0^2 + 1)^{\frac{1}{2}} + \mu_0 \right] \quad (6-7)$$

式中，C_0 为岩石本体内聚力；μ_0 为岩石本体内摩擦系数。

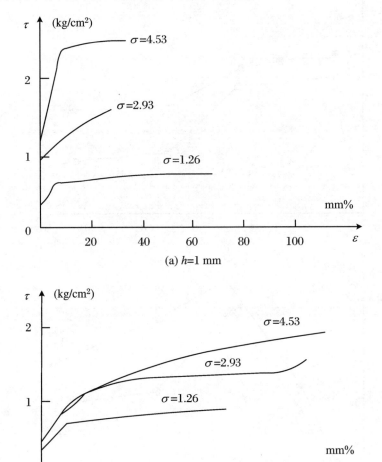

图 6-14 不同厚度黏土层 τ-ε 的关系

2. 基岩段覆岩弯曲下沉或断裂引发的水平剪切

在垮落带和裂隙带内，顶板初次来压前，相邻岩层的下部岩层以板的形式支撑着上覆岩体的应力作用，维护着覆岩内部的应力平衡。随着工作面推进，顶板岩层悬露跨度不断增大，由于各岩层具有分层性且由于结构和岩性上的差异使其具有不同的力学性质，这使各岩层均有各自的抗变刚度，当上、下位岩层弯曲下沉时，则会在层组间产生弯曲的不同步。根据简支梁组理论，此时上层梁的重力载荷将从侧向传到支座上，当工作面达到某个跨度时，下层梁会在垂直方向发生拉伸断裂，以支座为支撑点产生沿层面水平分量的错动，其位移方向朝向层面跨度中央[130]，形成对套管的剪切（图 6-15）。

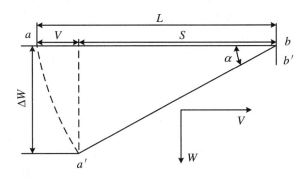

图 6 - 15 覆岩断裂引起的套管剪切

弯曲下沉带内的水平位移,与在裂隙带内的不同,相邻两岩层并不会产生垂直方向的拉伸断裂,而只是保持在挠曲过程中的接触。岩层弯曲受厚度的影响,下部岩层的曲率要大于上部岩层,从而在它们之间发生错动(图 6 - 16)。其水平移动量为[131]

$$V_x = L - S = L - \sqrt{L^2 - \Delta W^2} \approx \frac{0.5\Delta W^2}{L} \tag{6-8}$$

式中,L 为采前岩层 ab 的水平长度;S 为采后岩层端点 a,b 位置弯曲移动到 a',b'位置后的水平投影长度;α 为采动影响下岩层 ab 的弯曲下沉角;ΔW 为岩层下沉量;V_x 为岩层端点的水平移动量。

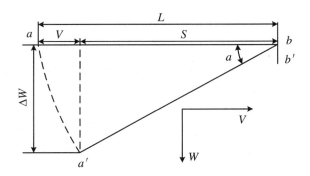

图 6 - 16 覆岩弯曲引起的层间错动(李永树,1996)

3. 垂向拉伸破坏机制

垂向拉伸破坏源于套管变形剪切和离层趋势产生的垂向拉力。前一种拉应力由于变形过程中套管被垂向拉长并承受移动的弯矩,辅以套管本身自重产生的轴向拉力,在剪切域形成"S"形[132],一定程度上加剧了套管的剪切破坏。

采空区顶板岩层的不均匀沉降,使套管在轴向线上有伸长或缩短的趋势,并产生沿轴向方向的拉应力或压应力。当拉压应力超出套管钢材的强度时,就可能导致套管被破坏。由于采动地层的沉降为下大上小,且下部离层在开采过程有先张开后闭合的趋势,因此,这种垂向拉压破坏主要集中于下部生产层段,在工程施工中应重点防护。

基于上述研究,认为抽采井井孔破坏是在采动应力动态平衡发展过程中,关键层影响下的顶板覆岩周期性断裂导致的上覆岩层垂向和水平移动依属特殊的地质条件,对井孔套管的破坏。抽采井变形破坏实质上是保护煤层开采后形成了采空区间,这使得顶板覆岩移动形成的多重破坏载荷被转嫁给套管,因此形成应力集中,而使其产生破坏的连续过程。井孔变形与破坏的机制有两类:一类是松散层特殊岩性段和基岩段沿层面的水平剪切破坏机制;二类是垂向拉压破坏机制。地面井在某一点的变形破坏是两种机制综合作用的结果,但以前一种为主后一种为辅,不是单一的拉断或剪断模式。尽管造成抽采井破坏的原因除采动力学效应和地质条件外,还可能存在井位布置、井身材质与结构设计、施工质量等其他因素,但从地质与力学耦合的破坏本质来看,上述两种机制是主要的。

6.4.3.3　井筒破坏的高危位置

对卸压煤层气地面井井孔失稳的地质机制分析表明,井筒破坏主要发生在以下几个位置:

1. 岩性交界面处

由于基岩段受采动影响较大,工作面采过后覆岩下沉会引起其水平移动。移动首先会从强度弱面开始发生,而由于基岩段岩性强度较大,岩层内无明显强度弱面,相对而言,岩性交界面由于岩性差异较大导致其力学性质存在明显不同。因此,其可能成为岩层水平移动的首发面。因而,套管在基岩段的错断集中发生在岩性交界面(包括基岩与松散层交界面)。

2. 松散层段的厚黏土层内部

厚黏土层本体与界面或较薄岩层相比,具有更弱的力学强度,岩体破坏首先在内部产生,变形严重时,套管表现为错断,较弱时表现为变形。

3. 断裂带和冒落带内

断裂带与冒落带与开采工作面的距离较近,受采空区上部覆岩向中部的滑移影响较大,具有相对较大的水平位移和垂直位移,易于成为井筒破坏的严重区域。

6.4.3.4　井筒破坏的预防措施

1. 改善井身结构,增大抗剪强度

老屋基矿131219综采工作面卸压煤层气地面抽采失利的原因揭示:套管强度是制约试验成功的关键影响因素。老屋基矿地面井施工采用的表层套管和技术套管壁原仅为 6.5 mm 和 6.0 mm,在覆岩剧烈移动之下,极难保持完整性。此外,套管直径过大也极大降低了其抗挤强度。在载荷、壁厚均相同的情况下,壁厚增加、管径减小,套管的承载能力增强,表明大壁厚、小管径的套管具有更高的抗变形能力。因此,套管强度的设计要考虑到其受采动的影响,设计时应适当加大安全系数值。可以考虑选用强度更高的钢材,增加套管的壁厚,选用更合理的套管接头,这样相同外径的套管将比普通套管具有更高的强度。

2．强化固井措施

由于采动作用对覆岩影响强烈，即使轻微岩移也能使直径较小的套管发生破坏。这种情况下优先选用塑性水泥代替高强度的水泥，且在固井时，选用软木等放在易发生错段变形处，利用它们的应力吸收能力，减缓套管的损坏。当抽采井受采动影响发生变形时，由于套管周围水泥环（软木）强度较小，会使套管和水泥（软木）发生耦合作用，套管对水泥（软木）的反作用力使水泥（软木）发生较大变形，从而将本来要发生在套管上的变形转嫁到水泥（软木）上，减小了套管被破坏的可能性。

3．合理布置井位

井孔一般部署在储层改造有利区和采动岩移较稳定区，与采场的回采工艺有关。前人研究表明[97-99]，回采工作面中部和工作面两侧是覆岩移动剧烈区，靠近工作面边界且在风巷一侧受四周煤柱支撑，是较为稳定的区域且瓦斯聚集浓度高，较为适合部署地面钻孔。试验工作面钻井位置分别距回风巷 40 m 和 50 m，裂隙较为发育且岩层移动较为缓和，是井位选择的较佳区域。因此，应加强岩移监测及寻找工作面小尺度范围内岩移对地面抽采井造成破坏的低危险区。利用科学的手段，合理选择抽采井井位，遏止套管短期内被破坏，是保持连续、高效工作的关键。

6.5　煤系气共采工艺技术

贵州省地貌深受地质构造控制，以高原、山地为主，境内无平原，岭谷高度差明显，切割强烈，单井的三通一平、钻机搬迁等费用高，同时也难以找到宽阔的场地用作大型钻井平台。贵州地区煤层的重要特征是以煤层群（组）方式分布。含煤地层在纵向上表现为煤层层数多、层厚薄、煤层相对集中（煤间距小）；横向上煤层相对比较复杂，煤组对比较为清晰且物性差异小。因此在开发贵州省煤层气时，相比优选单一煤层开发的思路，从煤层群的角度进行工程设计更为合理。

煤层气勘探实践表明，煤系地层砂岩和页岩也含气，美国犹他州中部盆地、阿巴拉契亚盆地、皮申斯盆地等煤层气井均有煤系砂岩气的产出。黔西诸含煤盆地龙潭组地层形成陆源碎屑岩夹碳酸盐岩的含煤混合沉积，富含有机质黑色泥岩、页岩层，为非常规气的形成提供了物质基础。煤系"三气"共生同采应具有理论普适性和合采可能性。含煤岩系层状复合叠置型气藏在黔西地区具有良好的勘探显示，如织纳阿弓向斜、水城格目底向斜、六盘水煤田盘关向斜的泥岩、砂岩等均具游离气显示，证实了非煤储集层也含气。煤系地层含气的不同储集层呈层状叠置分布，这决定了储层物性与气体可采性差异。由此，提高煤层气单井产能的多薄煤层分段压裂、非煤储集层助产压裂等技术应根据资源共生特点与储集层物性差异，优选目标层段，分时段、分层位、分区域递进式开发。探索贵州省煤系地层非常规气共采可能性、相关技术途径原理及其开发模式，有助于利用一切有开发可能的气源,提高原位煤层气井抽采产能。

长庆油田和延长油矿曾利用丛式井技术大规模开采低渗透油气田并取得成效。丛式井技术在华北沁水盆地煤层气开发中已大量使用,但在贵州地区还处于起步阶段。对应于贵州省复杂的煤层气地质条件,在应用丛式井技术过程中会有一些新思路。采用常规单层压裂技术只能压裂多个目标层位中的少数几层,一般需要多次压裂才能完成,难以实现多个煤层的一次性改造,既不经济也浪费时间;在煤层具有非均质性强、平面厚度分布变化大且总体厚度为薄至中厚的情况下,以常规压裂方式通过对特定目的煤层的逐层压裂,可能会受到前述诸多不确定因素的影响而严重影响产能,且这一技术放弃了主力煤层之间可能分布的"小产层"。

煤层气丛式井的分层段压裂,即选择不同层段,对不同层段内的多个煤层、砂岩层或页岩采用填砂分层或机械分层,对同一层段所有煤层兼顾砂岩层或页岩层同时压裂,而后对不同层段进行压裂,形成多个层段的数十个含气层的合层排采。选择煤层群中的有利储层赋存层位,把层间距较小密集分布的多个煤层进行"组合",看作一个"含气层",并在纵向上选择多个目的"含气层",形成煤层群自上而下多个有利区段煤系的非常规天然气整体改造并勘探开发。这是一种崭新的开发模式思路,有助于从根本上破解贵州省煤层群赋存条件下的煤层气难以经济、有效开发的难题。为此,下面主要以金沙林华井田实施的煤系非常规天然气丛式井组工程为例,探讨煤系地层非常规天然气一体化开发技术与工艺。

6.5.1 林华井田地质概况

林华井田位于贵州省金沙县西部,井田中心距县城直线距离 10 km,范围为东经 $106°06'38''\sim106°11'40''$,北纬 $27°23'32''\sim27°26'26''$;北东以 9 号煤层 + 500 m 标高地面投影为界,南北长 3~4 km,东西宽 4~6 km,面积约 24 km²;勘查垂深 700 m,构造位置为金沙—黔西向斜的北西翼,总体呈向斜构造,发育次一级褶曲新华向斜,北西翼地层走向北东,倾角 7°~34°,向斜轴部附近,倾角较小;南东翼地层走向北西,倾角 7°~12°;井田内断层稀疏,一般规模较小,落差 30 m 左右的断层分布于井田边缘(图 6-17)。

区内含煤岩系为上二叠统龙潭组(P_3l),为典型的海陆交互相沉积,相环境稳定。煤系总厚 91.54~126.91 m,平均 106.13 m。岩性主要为细砂岩、粉砂岩、泥岩等夹泥灰岩、灰岩及煤层。研究区含煤 9~21 层,煤层总厚平均 12.11 m,含煤系数为 11%;含可采煤层 5 层,其中全区基本可采 1 层(9 号煤层),大部可采煤层 2 层(4 号、5 号煤层),局部可采煤层 2 层(13 号、15 号煤层),分述如下。

(1) 4 号煤层

位于龙潭组上段的中部,上距长兴组灰岩 20.1~44.6 m,平均 28.96 m,下距标二(B2)4.2~22.7 m,平均 12.04 m。煤层可采性指数 0.71,可采范围内煤厚变异系数 0.40。层位不稳定,煤层厚度为 0.30~3.88 m,平均 1.21 m,为大部可采煤层。煤层结构为简单—复杂,夹矸岩性一般为泥岩,个别为炭质泥岩,其厚度变化大,可造成煤层分叉形成煤层组。顶底板为泥岩或粉砂质泥岩,部分为细砂岩。

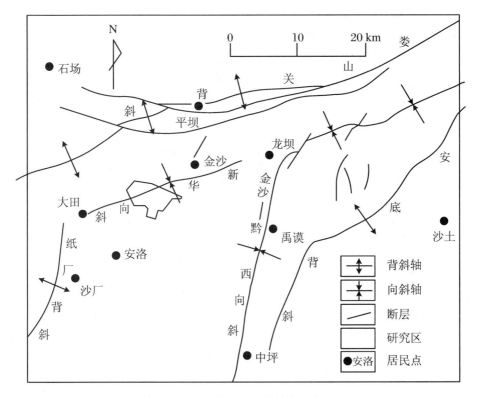

图 6-17　林华井田区域构造示意图

（2）5 号煤层

位于龙潭组上段的中下部,上距 4 号煤层 1.40～13.00 m,平均 6.00 m。煤层可采性指数 0.84,可采范围内煤厚变异系数 0.41。层位较稳定,厚度为 0～2.10 m,平均 1.18 m,为大部可采煤层。煤层大部分为简单结构,夹矸为泥岩,厚度一般为 0.10～0.30 m,最厚为 0.68 m。顶板为 4 号煤层底板,为一层细砂岩或粉砂岩,直接底板为泥岩、粉砂质泥岩。

（3）9 号煤层

位于龙潭组上段的底部,层位较稳定,为区内主要可采煤层,煤层中厚,硫分低,为优质无烟煤。下距标志性灰岩（B3）（上、中、下岩性分别为含泥质强硅化白云石化灰岩、粉砂岩或泥质粉砂、灰岩,岩性组合在井田内发育稳定）距离为 0.7～5.6 m,平均 1.8 m。上距 5 号煤层 5.80～22.30 m,平均 14.34 m。煤层可采性指数 0.98,煤厚变异系数 0.34。层位较稳定,厚度为 1.27～5.79 m,平均 2.77 m。煤层普遍含 1 层夹矸,局部地段结构简单或含 2～3 层夹石,夹矸岩性一般为泥岩,个别为炭质泥岩,厚度一般在

0.20 m 左右,局部增大造成煤层分岔,分岔时上分层可采性较好。直接顶板为粉砂质泥岩,往上为粉砂岩或细砂岩,含植物化石。直接底板为泥质粉砂岩,局部为粉砂质泥岩、粉砂岩。

各煤层中甲烷含量最高达 29.35 m³/t(4 号煤层),二氧化碳含量最高 29.35 m³/t。其中 4 号煤层、5 号煤层、9 号煤层和 15 号煤层甲烷含量平均值分别为 17.14 m³/t、15.88 m³/t、16.77 m³/t 和 12.49 m³/t,均远高于 8 m³/t。各煤层中甲烷成分最高为 97.93%(5 号煤层)。其中 4 号煤层、5 号煤层、9 号煤层和 15 号煤层甲烷成分平均值均在 80% 以上,变化在 80.98%～97.93%。根据《煤炭资源地质勘探规范》,该井田总体上属于甲烷分布带(表6-8)。

表6-8 各主要煤层含气性测试数据

煤层	煤层气含量(m³/t)					
	N_2	CO_2	CH_4	CO_2	CH_4	总量
4	0.03%～41.88%	0.05%～35.02%	49.16%～97.31%	0.01%～6.53%	8.9%～29.35%	9.08%～29.43%
	11.82(27)	4(18)	84.64(27)	0.8(18)	17.14(27)	17.5(27)
5	0.41%～24.43%	0.43%～35.43%	64.16%～97.93%	0.11%～4.21%	6.36%～25%	6.49%～25.11%
	5.72(12)	7.44(9)	87.87(12)	1.28(9)	15.88(12)	16.84(12)
9	0.01%～40.35%	0.73%～34.72%	51.83%～97.05%	0.11%～9.11%	4.14%～27.73%	4.43%～32.64%
	9.37(36)	3.51(30)	86.69(36)	0.72(30)	16.77(36)	17.33(36)
15	0.54%～23.17%	0.19%～33.69%	65.42%～96.68%	0.47%～4.73%	5.42%～28.38%	7.49%～29.13%
	6.7(14)	13.6(12)	80.98(14)	1.7(11)	12.49(14)	13.78(14)

6.5.2 煤系气储层特征

LC-1 井是为研究建设该井田丛式井组而施工的一口参数井。基于 LC-1 井开展了煤储层和页岩样品的储层特征分析。

6.5.2.1 煤层气储层特征

煤质特征和煤岩组成基本特征如表 6-9 所示。样品水分含量 1.10%～2.30%,平均 1.46%,此外还给出了煤中灰分、挥发分和硫分变化特征。特别地,所有样品的灰分含量均在 10% 以上,10 号煤层的硫含量达到了 3.28%。煤的镜质组反射率介于 3.38%～3.47% 之间,发热量介于 22.53～30.27 MJ/kg,煤级为高变质无烟煤。所有煤样品的煤岩显微组分都较为类似,其镜质组含量变化于 60.08%～65.76%。

表 6-9　研究区 LC-1 井煤层基本物质组成

煤层	M_{ad}	A_d	V_{daf}	$R_{o,max}$	镜质组	惰质组	壳质组	$S_{t,d}$	$S_{o,d}$
4	2.30%	22.80%	7.13%	3.43%	60.08%	18.76%	21.16%	1.44%	0.4%
5	1.28%	21.12%	6.01%	3.38%	65.76%	20.67%	13.57%	0.31%	0.22%
8	1.10%	13.55%	6.21%	3.43%	61.92%	17.48%	20.60%	1.19%	0.43%
10	1.18%	32.87%	12.00%	/	/	/	/	3.28%	0.7%
13	1.44%	20.36%	6.08%	3.47%	64.67%	20.55%	14.78%	1.07%	0.56%

　　基于压汞注入法、气体(N_2)吸附法对上述样品进行孔隙表征,结果显示:煤样品的总孔体积介于 0.017~0.023 cm^3/g,平均 0.019 cm^3/g;总比表面为 4.50~6.16 m^2/g,平均 5.38 m^2/g。孔径与汞注入体积增量之间的关系图显示孔径分布主要为小于 100 nm 区域,峰值在 7 nm 左右(图 6-18(b))。煤中孔隙均具有类似的孔隙分布特征,主要以微孔为主,并有少量的中孔。N_2 吸附分析表明微孔和中孔体积变化介于 0.015~0.030 cm^3/g,平均 0.021 cm^3/g,比表面积介于 15.27~23.42 m^2/g,平均 18.78 m^2/g(表 6-10)(图 6-18)。

　　渗透率由基质渗透率和裂缝渗透率两部分组成,决定了煤中气体的流动能力。煤层渗透率可在现场或实验室中进行测量。利用现场技术可以测量井筒内的原位渗透率,而在实验室中可以用柱状煤样测量基质渗透率。根据瓦斯脉冲衰减法,测试的 3 个煤样的渗透率范围主要为 0.000 063~0.001 23 mD(表 6-10),仅一个煤层的试井渗透率为 0.026 8 mD,是脉冲渗透率的 20 倍以上。一般情况下,渗透率随围压呈指数递减。这些煤层渗透率低,煤层气开发需要有效的储层增产措施。

表 6-10　煤储层孔隙与渗透性测试参数

煤层	Hg 浸入法		N_2 吸附法		渗透性		
	TIV (mL/g)	TPA (m^2/g)	TPV (mL/g)	SSA (m^2/g)	Porosity	K(mD)	K_t(mD)
4	0.023	6.16	0.030	21.93	5.57%	0.001 23	0.026 8
5	0.017	4.94	0.015	15.27	4.05%	0.000 063	nd
8	0.017	5.27	0.019	23.42	nd	nd	nd
10	0.017	4.50	0.024	20.26	nd	nd	nd
13	0.02	6.04	0.017	13.04	4.13%	0.000 78	nd

　　注:TIV 为汞注入法测试的总孔体积;TPA 为汞注入法测试的比表面积;TPV 为 BJH 法计算的总孔体积;SSA 为 BET 法计算的比表面积;K 为克氏渗透率;K_t 为试井渗透率。

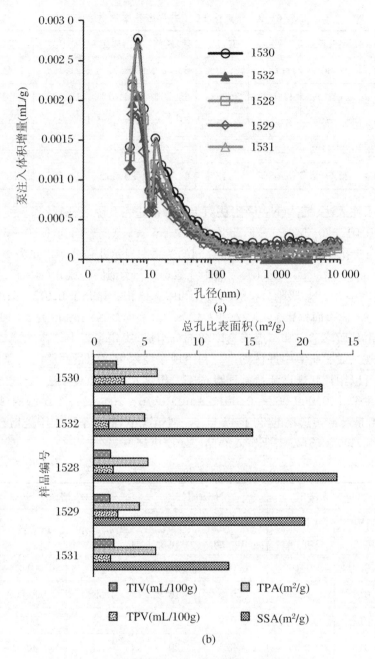

图 6 - 18 基于汞注入法和低压氮气吸附的孔隙参数分布

通过解吸实验测定了煤样品的总吸附气体含量。4 个煤样的总平均瓦斯含量从 4.52 cm³/g 到 14.13 cm³/g 不等（表 6 - 11），煤样的瓦斯含量差异较大。数据显示样品的表面积和孔隙体积越大，样品的含气量越高。图 6 - 19 给出了 4 种样品的气含量（解吸气量、损失气量和总气含量）与总孔体积（图 6 - 19（a））、总孔隙比面积（图 6 - 19（b））、

BJH 总体积(图 6-19(c))和 BET 表面积(图 6-19(d))之间的关系。如图所示,气体含量与总孔体积(图 6-19(a))、BJH 总孔体积(图 6-19(c))相关性最好。解吸气含量、总气含量与 BJH 总孔体积的相关性特别强。总含气量与总孔体积,总含气量与总孔隙面积,解吸气、损失气与 BJH 总体积的关系呈现较弱的正相关关系。气体含量和表面积之间,残余瓦斯含量和孔隙体积与表面积之间并无明显关系(图 6-19(d)、(e))。然而,残余气含量与 BET 比表面积之间的相关性较好,但与 BJH 总孔体积的相关性较差(图 6-19(f))。这可能因为残余气体更多来自煤基质表面微小孔隙的吸附气。煤层瓦斯含量与灰分含量之间没有明显的关系(图 6-20(d)),这可能与缺少试验样品有关。

表 6-11　煤储层样品解吸气体含量

煤层	解吸气量(cm³/g)	损失气量 (cm³/g)	残余气量 (cm³/g)	总含气量(cm³/g)
4	8.49	0.68	4.96	14.13
5	1.80	0.26	2.46	4.52
8	2.48	0.55	4.63	7.66
10	—	—	—	—
13	4.80	0.53	2.57	7.90

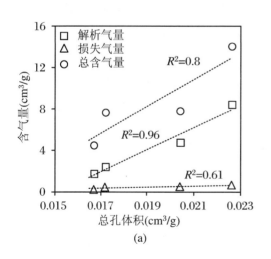

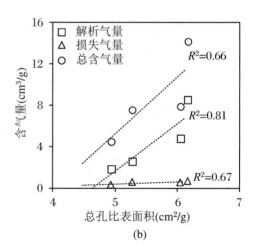

图 6-19　解吸气含量与煤储层孔隙参数之间的关系

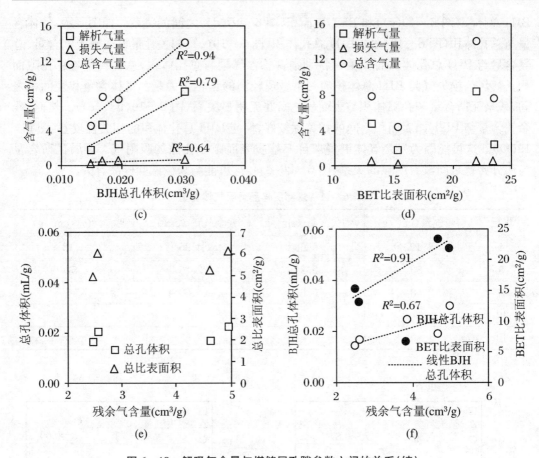

图 6-19　解吸气含量与煤储层孔隙参数之间的关系(续)

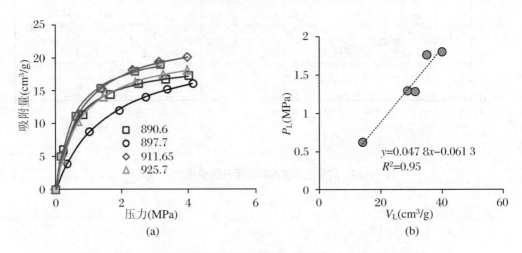

图 6-20　样品等温吸附曲线及其参数与碳含量、灰分含量之间的关系

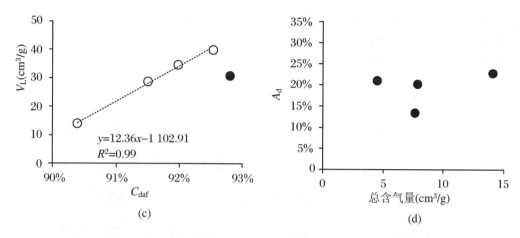

图 6-20　样品等温吸附曲线及其参数与碳含量、灰分含量之间的关系(续)

开展的 5 个煤样的等温吸附实验显示 V_L 值在介于 $14.02 \sim 39.93 \text{ cm}^3/\text{g}$,平均为 $29.73 \text{ cm}^3/\text{g}$。由图 6-20(a)可以看出,所有样品的甲烷吸附等温线在不同深度处交叉,但也有部分样品的甲烷吸附等温线相互叠加。V_L 与 P_L 之间存在明显的正相关关系(图 6-20(b))。此外,如果剔除 8 号煤层样品,则 V_L 与 C_{daf} 呈显著正相关,线性拟合系数(R^2)为 0.99,因为 C_{daf} 含量高是煤的主要特征。8 号煤层样品 V_L 相对较低,可能是与该煤层镜质组含量较低有关。

6.5.2.2　页岩气储层特征

基于 X 射线衍射测试了各个煤层样品的矿物质含量。测试样品矿物组成中黏土矿物含量介于 $19.0\% \sim 58.8\%$,平均 35.0%(图 6-21),远低于龙马溪组页岩(平均 53.49%)[133],但与筇竹寺组相当(小于 40%)[134,135];石英含量相对较低,介于 $7.6\% \sim 21.5\%$,平均 15.7%。样品除 $883.45 \sim 883.60 \text{ m}$ 岩心层段外,其余样品均不同程度含菱铁矿,含量介于 $7.6\% \sim 64.6\%$,平均 38.1%;在约 900 m 层段(5 号煤层和 7 号煤层之间)和 15 号煤层之上达最大值,超过 40%。除 $934.70 \sim 934.85 \text{ m}$ 层段外,其余样品均含有白云石,以 $883.45 \sim 883.60 \text{ m}$ 层段含量最高,介于 $1.4\% \sim 33.0\%$,平均 9.5%。此外,样品还不同程度含有锐钛矿、黄铁矿和钠长石等。

页岩地球化学分析是认识有机质、成熟度、沉积环境和天然气潜力的关键。与美国巴奈特和马塞勒斯页岩、我国华南龙马溪页岩等海相页岩不同,研究区煤系地层为海陆过渡相沉积环境。实验结果表明,研究区煤系泥岩的产气潜力具有以下特点:① 各页岩样品的 TOC 值介于 $0.90\% \sim 2.71\%$(表 6-12),平均为 1.55%。② 根据前人研究结果[136],测试样品的 T_{max} 值分布范围为 $601 \sim 605 ℃$,说明页岩处于成熟后期。③ 测试样品的 R_o 值均较高,范围在 $3.66\% \sim 3.73\%$,平均 3.69%。根据 TOC 参数、氢指数(HI)和 S_2 值[136],Rock Eval TM 数据,测试样品的有机质为 Ⅲ 型干酪根。稳定碳同位素($\delta^{13}C_{PDB}$)由于具有良好的热稳定性,成为确定有机质起源的一种有效参数,相对于低等水生生物,来源于高等陆生植物的有机质具有较重的稳定碳同位素。测试页岩样品的 $\delta^{13}C$ 值范围介于 $-24.4‰ \sim -23.5‰$ 之间,进一步支持了研究区煤系页岩具有Ⅲ型有机质且来源于陆生植物的判断。

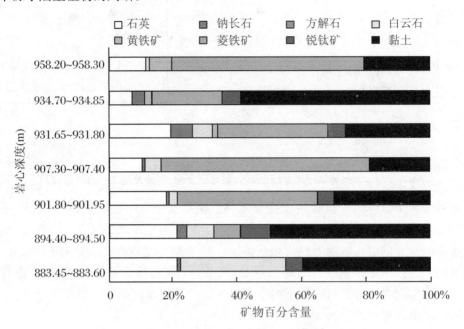

图 6-21　各个煤层样品的矿物质含量

表 6-12　研究区 LC-1 井测试泥页岩地球化学参数

样品编号	深度(m)	TOC(wt.%)	$\delta^{13}C$	S_1(mg/g)	S_2(mg/g)	T_{max}(℃)	PI	HI	OI	TI	R_O	干酪根类型
GL-1	883.60	1.12%	$-23.8‰$	0.01	0.11	605	0.08	10	10	7	3.73%	Ⅲ
GL-2	894.50	1.48%	$-24.0‰$	0.01	0.11	602	0.08	7	10	3	3.68%	Ⅲ
GL-3	901.95	1.68%	$-23.6‰$	0.01	0.14	602	0.07	8	39	3	3.68%	Ⅲ
GL-4	907.40	2.07%	$-23.8‰$	0.01	0.09	603	0.10	4	43	11	3.69%	Ⅲ
GL-5	931.80	0.90%	$-23.6‰$	0.01	0.09	603	0.10	10	47	16	3.69%	Ⅲ
GL-6	934.85	0.90%	$-23.5‰$	0.01	0.08	601	0.11	9	51	24	3.66%	Ⅲ
GL-7	958.30	2.71%	$-24.4‰$	0.01	0.20	604	0.05	7	15	10	3.71%	Ⅲ

根据孔隙分布分析,计算了孔隙大小(PSD)、总孔隙体积(TPV)和比表面积(SSA)的分布。表 6-13 总结了 Hg 注入法、低压 N_2 和 CO_2 吸附法的分析测试结果。压汞注入法测试结果如图 6-22(a)所示。当孔径大于 $10 \sim 20$ nm 时,增量孔隙体积明显小于 0.000 5 mL/g。尤其是当孔径小于 $10 \sim 20$ nm 时,随着孔径的增大,增加的孔隙体积减

小,这种现象可能是由误差引起的。图 6-22(b)所示为低压液氮吸附实验的吸附和解吸分支,整体为反"S"形。仔细观察 7 个样品的滞后曲线,发现它们均属于 H3 型和 H4 型,这通常与板状颗粒聚集在一起形成被裂隙状孔隙有关(图 6-23(a)、(c))。H3 型曲线也显示页岩样品中含有发育良好的中孔(2～50 nm)。由 N_2 吸附曲线计算得到的孔隙分布如图 6-22(c)所示。所有的样品都表现出多峰分布,主要峰集中在 3 nm 和 20～100 nm。由此表明研究区内龙潭组页岩的孔隙体积主要是由中孔和大孔贡献的,直径大于 100 nm 的孔隙贡献较小。

表 6-13 研究区煤系泥页岩孔隙参数

样品编号	汞浸入法		N_2 吸附法		CO_2 吸附法	
	总孔体积(TIV)($cm^3/g \times 1\,000$)	比表面积(TPA)(m^2/g)	总孔体积(TPV)($cm^3/g \times 1\,000$)	BET 比表面积(SSA)(m^2/g)	总孔体积(TPV)($cm^3/g \times 1\,000$)	BET 比表面积(SSA)(m^2/g)
GL-1	17.2	7.361	20.9	9.7	1.4	10.5
GL-2	10.3	2.004	14.7	6.1	1.0	6.6
GL-3	2.7	0.099	10.5	4.4	0.9	5.7
GL-4	3.0	0.066	6.1	2.9	0.6	3.9
GL-5	1.2	0.001	9.8	6.3	1.1	9.2
GL-6	23.3	6.101	19.2	10.5	1.5	9.9
GL-7	6.5	1.940	8.6	8.3	1.4	8.0

注:TIV 为汞注入法测试的总孔体积;TPA 为汞注入法测试的比表面积;TPV 为 BJH 法计算的总孔体积;SSA 为 BET 法计算的比表面积;K 为克氏渗透率;K_t 为试井渗透率。

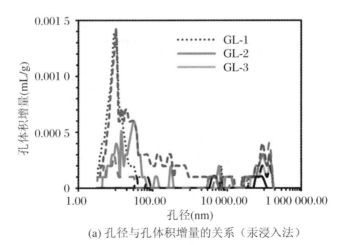

(a) 孔径与孔体积增量的关系（汞浸入法）

图 6-22 孔径与孔体积增量的关系

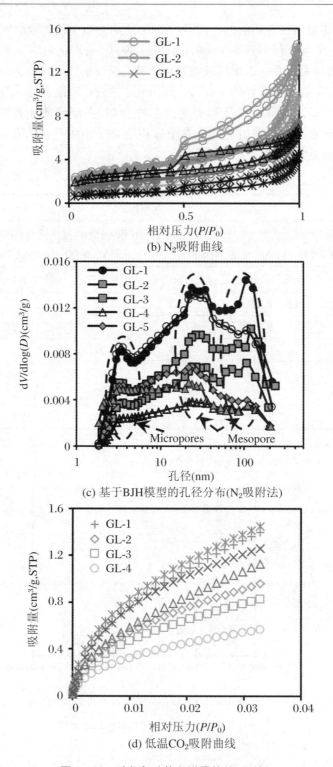

(b) N₂吸附曲线

(c) 基于BJH模型的孔径分布(N₂吸附法)

(d) 低温CO₂吸附曲线

图 6 - 22　孔径与孔体积增量的关系(续)

　　低压 CO_2 孔隙分析显示微孔隙的等温线如图 6-22(d)所示。在所有页岩样品中，GL-6 和 GL-1 的吸附量最大，而 GL-4 的吸附量最小(0.6×10^{-3} cm^3/g)，显示该样品含有较少微孔隙，具有最小的比表面积，其中，GL-6 和 GL-1(吸附量分别为 9.9 m^2/g 和 10.5 m^2/g)的微孔表面积最高(表 6-12)。从 CO_2 吸附分析可以看出，微孔体积也有很大的变化，其中，GL-6(1.5×10^{-3} cm^3/g)的微孔体积最大，GL-4 的微孔体积最小。

　　从图 6-24(a)的趋势可以看出，TOC 与比表面积呈负相关(GL-7 样品除外)。这说明有机质并不是影响页岩比表面积最重要的因素。样品的扫描电镜图像显示，有机质呈带状、块状分布，但仅存在少量有机质孔隙(图 6-23(a))。

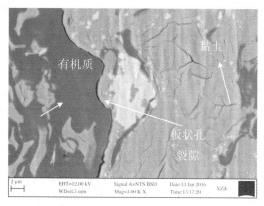

(a) 黏土矿物内部板状孔、有机质与矿物质边缘裂隙

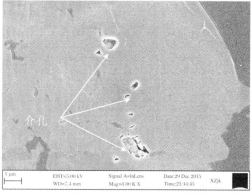

(b) 石英内部的介孔，部分充填

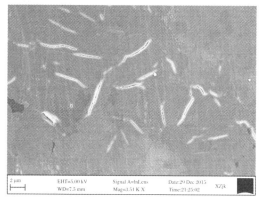

(c) 黏土矿物内部与有机质边界的板状孔

(d) 裂隙分布

图 6-23　林华井田 LC-1 井煤系页岩扫描电镜图像

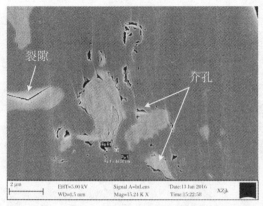 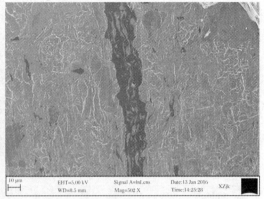

(e) 与石英有关的裂隙和介孔　　　　　　　(f) 低倍电镜下的裂隙分布

图 6 - 23　林华井田 LC - 1 井煤系页岩扫描电镜图像(续)

图 6 - 24(b)显示了黏土矿物和比表面积之间具有一定程度的正相关趋势,这意味着黏土矿物对孔隙的表面积和体积有重要贡献(图 6 - 23(a)、(c))。综上所述,黏土矿物的颗粒间孔隙是研究页岩孔隙的主要组成部分。这可能与这些页岩过度成熟,产生的液态烃较少有关。在低分辨率电子显微镜下还可观察到大量的天然裂隙,其形态各异(图 6 - 23(a)、(d)、(e)、(f)),但尺度一般为微米级。这些与有机质、黏土或石英颗粒有关的裂隙通常与大孔隙共通构成了自由气体储存空间。

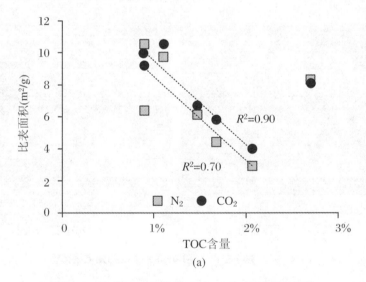

(a)

图 6 - 24　孔隙比表面积与 TOC、黏土矿物含量的关系

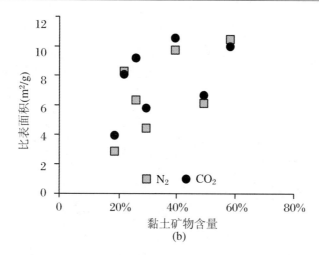

图 6-24　孔隙比表面积与 TOC、黏土矿物含量的关系(续)

测井显示 LC-1 井泥页岩段含气。基于测井与录井结果,获得龙潭组整段含气层气测曲线(图 6-25)。气测曲线在不同层段显示非均质性。X4-0 井在 2 号煤层和 4 号煤层之间、近 11 号煤层下部和 15 号煤层之上有较高含气峰;而 X4-1 井在 5 号煤层和 9 号煤层之下、10 号煤层至 13 号煤层之间及近 13 号煤层下部含气峰较为突出。

岩心样品现场解吸气量介于 $0.08\sim7.79$ m³/t,平均 1.60 m³/t(图 6-26)。在中部 $800\sim900$ m 之间达到峰值,达 7.79 m³/t。埋深段 $888.45\sim888.8$ m 和 $892.40\sim892.65$ m 分别为 4 号煤层的夹层和底板,均为深黑色泥岩。仅有靠近煤层的两个样品解吸气量在 3 m³/t 以上,约 56% 的样品解吸量大于 0.5 m³/t,在不包含损失气量恢复的情况下,部分层段达到工业开采标准下限[137]。测试页岩整体解吸气量远低于黔西龙潭组西页 1 号井(解吸气量:$1.24\sim9.42$ m³/t,平均 6.65 m³/t)[138],但接近于金沙参 1 号井(总含气量:$2.30\sim4.21$ m³/t,平均 2.93 m³/t)[139],落入中国南方海陆过渡相页岩含气量范围内(含气量:$1.24\sim9.42$ m³/t)[138]。解吸气组分以 CH_4 为主,含有较少量的 C_2H_6 和 CO_2,部分样品含有 N_2(图 6-27)。其中,CH_4 含量变化于 $59.58\%\sim98.99\%$ 之间,平均 90.71%;C_2H_6 含量变化于 $0.10\%\sim1.49\%$ 之间,平均为 0.54%;CO_2 含量变化于 $0.21\%\sim12.59\%$ 之间,平均 3.58%。仅有 $868.00\sim868.14$ m 岩心段样品 N_2 成分含量为 38.62%(无空气基组分含量,下同),$936.57\sim936.77$ m 岩心段 N_2 成分含量为 15.97%;其余样品 N_2 含量均 7% 以下。

解吸气含量与总 BET 比表面和孔体积均呈高度负相关关系(图 6-28),表明解吸气可能并非来源于微小孔隙内表面的吸附态气体。赋气孔隙由有机质和无机矿物质提供,但石英与黏土矿物含量均与解吸气量有一定程度负相关(图 6-29(a)),这证明石英和黏土矿物没有提供存储空间和供气来源。解吸气量与总有机碳含量高度正相关(图 6-29(b)),表明有机质是解吸气的主要物质来源。但解吸气存储空间并非由介孔和微孔提供。

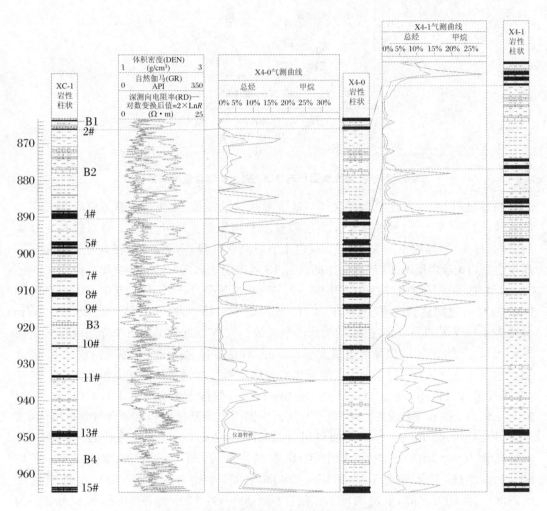

图 6 - 25　龙潭组不同层段泥页岩含气性显示

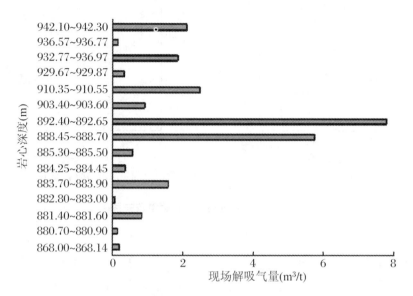

图 6 – 26 不同层段现场解吸量随深度变化

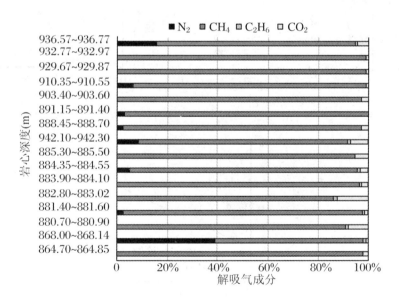

图 6 – 27 解吸气成分随深度变化

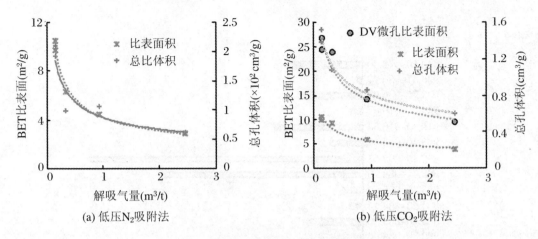

(a) 低压N₂吸附法   (b) 低压CO₂吸附法

图 6-28　解吸气量与孔隙参数关系

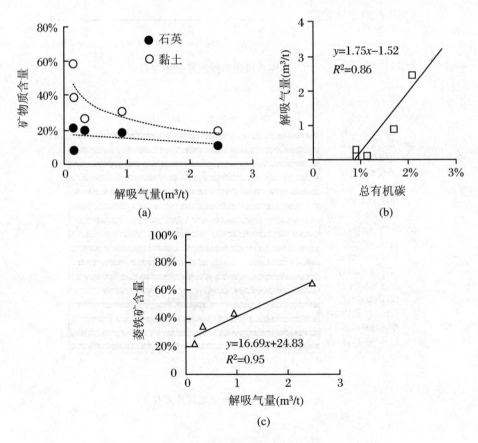

图 6-29　解吸量与矿物质、有机碳和菱铁矿含量关系

存储空间可能来源有以下两个方面：

（1）样品提供的解吸气并不是吸附气，而是游离气

游离气含量可占页岩气总含量40%～60%[140]，游离气可能占据了部分基质孔隙、割理或裂隙系统，而无法被低温液氮和CO_2注入吸附探测[141]。在浅部，游离气的贡献相对较小；但随深度增加，游离气所占总含气量的比例会随之增大。但这种可能性较小，因为岩心在近900 m深度的提升过程中，必然会致使绝大部分游离气丧失。如果这种可能性存在，则菱铁质泥岩的总含气量将远远大于测定解吸气量。

（2）有机物质不仅是生烃源，且是储气空间

孔隙定量表征并不能区分存储空间的物质性，气体可能仍然存储在有机质微孔隙中。

进一步发现，样品菱铁矿含量与解吸气量高度正相关（图6－29(c)）。然而，含菱铁矿泥岩及粉细砂岩具有低孔和低渗特征[142]，且菱铁矿含量与比表面积并无正相关性（图6－30）。因此，菱铁矿自身发育的晶间孔不足以提供解吸气所赋存的容储空间。但菱铁矿与其他矿物质杂乱分布形成的粒间孔可能提供吸气赋存所需的吸附内表面基础，而该部分内比表面并没有被孔隙测试手段所单独探测出。菱铁矿产出状态包括结核状、透镜状及细分散状等形式，在粉砂质泥岩中常以细小条带分布在沉积有机质周围且围岩层理连续性保存完好（图6－31(a)）[142]。这种产出状态可视为菱铁矿对有机质的包围，菱铁矿的低孔渗特征使其成为泥岩内部"微圈闭"环境（图6－31(b)），形成对有机质内的烃类气体的有效封堵。烃类气体在成岩阶段不断生成但仅被局限在有机质分布范围内，并可能进一步发展为超压（高演化阶段有机质较少发育孔隙）。随泥岩内部菱铁矿含量增多，"微圈闭"数量增加，封闭气体量也随之增大。此外，菱铁矿的似层状、葡萄状、透镜状或结核状分布并胶结均能与有机质形成清晰接触界线，形成其他更多圈闭形式（图6－31(c)、(d)）。

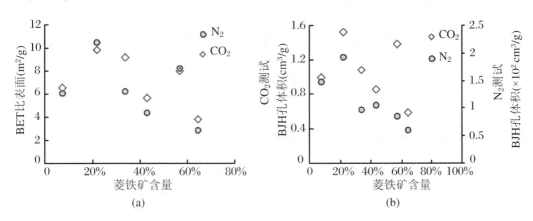

图6－30　菱铁矿与比表面积(a)、孔体积(b)关系

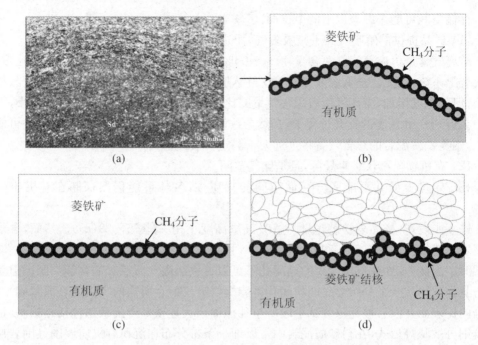

图6-31 菱铁矿产出形态及其及微圈闭形式[142]

综上所述,解吸气主要来源于分散有机质,靠近煤层附近菱铁质泥岩含气量较高与沉积环境过渡有关。解吸气赋存状态和空间小概率为割理裂隙系统的游离气或黄铁矿与其他矿物质形成粒间孔隙赋存的吸附气,较大可能是以微圈闭形式赋存于有机质内部孔隙的吸附气。菱铁矿形成内部微圈闭致包围有机质形成"微圈闭",可能是解吸气量与菱铁矿高度正相关的主要原因。需要进一步指出的是,测试独立煤层含气量可有邻近泥岩含气量的2~10倍,暗示菱铁矿层的分划性阻气作用不仅使层序界面附近煤层含气量相对升高和各含气系统相对独立[142],而且菱铁质泥岩层自身的致密低渗使煤层与菱铁质泥岩之间可能缺少气体的运移与交换,即菱铁质泥岩层可具有独立的"微含气系统"。

6.5.3 煤系气共采工艺技术

6.5.3.1 目标层段优选与组段压裂

目标层段优选是在对煤系气储层物性及其赋存特征认识的基础上,优选出具体开发层段进行射孔、压裂改造并进一步进行煤系气开发的过程。单井垂向目标层段优选,不仅要考虑煤系气的高渗富集,还要综合考虑煤岩层分布、含气性、储层可改造性等多方面特征。作为目前煤储层改造的主要措施,水力压裂机理是利用压裂介质的传递压力作用,扩展、延伸煤储层内部原有裂隙,并形成人工次生裂缝,通过携砂液携带的支撑剂对裂缝形成有效支撑,为煤层气运移提供良好通道。组段压裂的具体效果受较多因素影响,如果邻近合压储层渗透性、储层压力、临界解吸压力和地层供液压力等相差较大,合层改造效果可能会大打折扣。在煤储层物性参数未完全明确的条件下,煤层组段间距、煤层间距及有效射孔厚度就是为组段压裂改造的重要影响因素。对于不同的煤岩层组合类型,可以进行连射、选射、限射、避射、单向扩射、双向扩射等(图 6-32)。如储层单层厚度较大或煤层间距较小,可以选择层内连续射孔或多层连射方式;如压裂煤层厚度在3 m 左右,可采取全层段射孔;如目标层厚度在1.5~3.0 m,可选择单向扩射或双向扩射方式;如目标层位部分分层构造煤发育,选择时还要考虑避射。

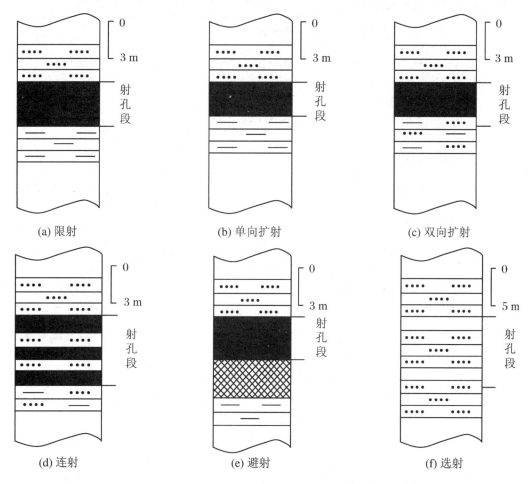

(a) 限射　　　　　　　(b) 单向扩射　　　　　　　(c) 双向扩射

(d) 连射　　　　　　　(e) 避射　　　　　　　(f) 选射

图 6-32　选层射孔方式[143]

基于目标层段选择与组段压裂的要求,根据前述钻井、气测录井、测井及相关储层测试结果,可以对预开发层位进行优选。从区内煤层、页岩层和砂岩层的共生组合方式上看,研究区储层基本可以划分为 2 类 7 型,即独立成藏类和共生组合类[139]。独立成藏类分为 2 种:泥页岩层和泥质粉砂岩层;共生组合类分为 5 种类型:泥灰岩—泥页岩—砂岩层、泥(页)岩—煤层—致密砂岩—煤层、泥页岩—煤层—灰岩层、泥质粉砂岩—煤层—泥质粉砂岩、泥(页岩)层—煤层。针对区内的煤岩层组合类型及其储层物性特征,煤层气合层共采开发可以有 3 种途径:① 以煤层为载体的,通过上、下变密度扩射,打开泥(页)岩、致密砂岩含气层;② 煤层间距小于 3 m,采用多煤层连射打开多个储层实现整体改造;③ 煤层间距为 3~10 m 的,岩性较为均一的砂岩含气层,采用水平井煤层间成井,定向射孔沟通上、下煤层,实现整体改造(表 6-14)[139]。

表 6-14　区内井组煤系气合层共采方式

类　型	煤系储层组合类型	开发方式		备　注
独立煤系气藏	泥(页)岩层、致密砂岩层	常规体积改造,单层开采		如 9~13 号煤层
	泥(页)岩—煤层—灰岩层、泥质粉砂岩—煤层—粉砂岩、灰岩—泥(页)岩层—煤层	上、下变密度扩射		如 9 号、13 号、15 号煤层
组合煤系气藏	泥(页)岩—煤层—致密砂岩—煤层	煤层间距小于 3 m	多煤层连	上煤组 4~5 号煤层
		煤层间距大于 3 m小于 10 m,岩性均一的砂岩层	砂岩层水平井成孔、定向射孔沟通上下煤层	下煤组 13~15 号煤层

　　气测录井技术是煤系气共探、共采中及时、直观、准确发现含气层的重要手段[144]。采用 CPS3000 型气相色谱仪开展了气测录井工作,连续分析并获得了全烃、烃组分及非烃组分数据,并通过综合录井平台自动记录气测结果。由图 6-33 可见:与无编号薄煤层相比,有编号煤层厚度较大,气测曲线全烃及甲烷含量异常峰常呈阶梯状、宽单尖峰状且峰值较高;无编号煤层较薄,气测异常峰常呈窄单尖峰状且峰值较低。与煤层相比,粉砂岩、细砂岩含气层厚度大,气测异常峰常呈箱状、锯齿状,气测全烃及甲烷含量峰值较低。采用气测录井仪进行气测录井,全井主要显示集中在二叠系上统龙潭组,根据气测特征显示、图版解释,气测显示 13 层。表现为全烃及甲烷含量明显升高。结合钻时及后期地球物理测井资料分析,确定上述 44 个气测异常段由 12 个煤层、1 个泥质粉砂岩层组成。在中煤组 4 号煤层上部存在泥质粉砂岩含气显示。该段泥质粉砂岩厚度超过 10 m,为 4 号煤层顶板,由此形成了一个特殊的煤系含气层段。该非煤含气段作为 4 号煤层顶板,距离较近,从煤气共采角度考虑,可以作为 4 号煤层以下多个煤层压裂合采的助产层段。

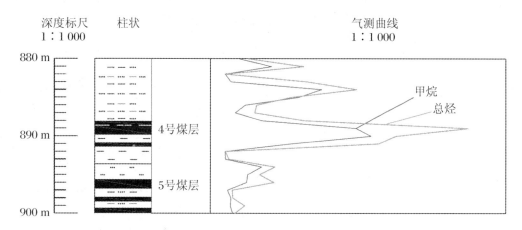

图 6-33 典型含气层气测曲线特征

研究区地层煤系地层自 4 号煤层以浅的上煤组虽然具有一定含气潜力,但煤层较薄,两个煤层厚度分别为 0.40 m 和 0.33 m,低于可采下限且气测全烃含量较低,不具备层段开发初选条件。中煤组煤层属于薄—中厚煤层(含 4 号、5 号煤层和 5 层未编号薄煤层),其中 4 号~5 号煤层以下含气段气测显示强烈,埋深小于 900 m,两个主要煤层厚度均在 1.0 m 以上,层间距 5.80 m,煤层均为原生结构煤,含少量裂隙,封盖条件良好,利于开采,可作为开采首选层段。埋深 900 m 以深的 9 号~11 号煤层含气段纵向跨度大,煤层厚度虽然大于可采煤层标准但不到 1.0 m,不适合煤层气勘探开发的选层条件。下煤组 11 号煤层以下埋深较大,基本大于 930 m,虽然 13 号和 15 号煤层厚度分别为 1.01 m 和 1.20 m,且深部测试显示出较好的储层渗透率,但考虑该段煤组埋深较大,且煤层相对分散,与中煤组间距较远,可作为其次开采层段。基于上述分析,可以对中煤组 13 号~15 号含煤段和 4 号~5 号含煤段开展射孔压裂施工,具体参数如表 6-15 所示。施工顺序由深至浅,采用可捞式桥塞封隔对含煤段进行封隔,基于投球分压和填砂工艺实施分段多层压裂,典型压裂曲线如图 6-34 所示。

由图 6-34 可见:压裂开始后,泵注排量快速增至 10.0 m³/min 以上,套压随之升至 6 MPa 以上,并存在小幅向下波动,表明井筒附近微裂缝密集形成并延伸,近井地带支撑后的微裂缝导流能力较强。投球后,注入排量仍然维持在 10.0 m³/min 左右,套压仍然维持在 6 MPa 左右,表明新裂缝不断形成并延伸。随后,采取阶梯式加砂的方式对裂缝进行支撑,取得了预期的造缝效果。投球后,在泵注排量较小、套管压力较低的情况下,也能够形成主裂缝,说明合理选择压裂段长度有利于提高压裂改造效果。

表 6-15 X4-1 井煤层射孔参数表

煤层编号	煤层井段(m)	煤层厚度(m)	射孔井段(m)	射孔厚度(m)	备注
无编号	943.00~943.80	0.80			
4 号	944.80~945.80	1.00	941.30~947.95	6.65	向上扩射 1.70 m 向下扩射 0.20 m
无编号	947.10~947.75	0.65			
5 号	953.80~955.30	1.50			
无编号	955.80~956.30	0.50	953.60~958.40	4.80	向上扩射 0.20 m 向下扩射 0.20 m
无编号	957.30~958.20	0.90			
13 号	1 016.80~1 018.45	1.65	1 014.65~1 018.65	4.00	向上扩射 2.15 m 向下扩射 0.20 m
15 号	1 031.40~1 033.80	2.40	1 030.40~1 033.80	3.40	向上扩射 1.00 m

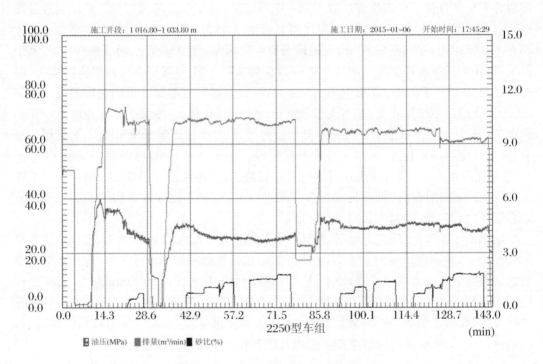

图 6-34 典型压裂段压裂施工曲线

6.5.3.2　丛式井钻井工艺技术

为减小地形地貌条件对钻井工程的地质制约,林华井田煤系气开发试采工程选择了丛式井开发工艺技术。每个丛式井组设计由 7 口井组成,其中 1 口中直井、6 口定向斜井。一开钻径 Ø 311.1 mm,套管管径 Ø 244.5 mm;二开钻径 Ø 215.9 mm,套管管径 Ø 139.7 mm。直井井身设计为二开结构(表6-16),一开钻深和套管下深根据实际岩性确定,原则上穿过风化带后进入坚硬岩石15 m以上。钻头尺寸分别为 Ø 311.1 mm 和 Ø 215.9 mm,套管尺寸分别为 Ø 244.5 mm 和 Ø 139.7 mm,具体如图6-35所示。各定向斜井与直井的钻头与套管基本数据基本一致,其井身结构如图6-36所示。增斜段采用的钻具组合为:Ø 215.9 mm 钻头 + Ø 172 mm 单弯螺杆 + Ø 212 mm 扶正器 + Ø 165 mm 定向接头 + Ø 165 mm 无磁钻铤(MWD 随钻仪器) + Ø 159 mm 钻铤×8 根 + Ø 127 mm 钻杆 + Ø 108 mm 方钻杆;稳斜段的钻具组合为:Ø 215.9 mm 钻头 + Ø 172 mm 单弯螺杆 + Ø 212 mm 扶正器 + Ø 165 mm 定向接头 + Ø 165 mm 无磁钻铤1 根(MWD 随钻仪器) + Ø 159 mm 钻铤×8 根 + Ø 127 mm 钻杆 + Ø 108 mm 方钻杆。定向斜井的典型立体空间轨迹如图6-37所示。

表6-16 直井井身结构数据表

序号	井段(m)	钻头尺寸(mm)	井深(m)	套管外径(mm)
一开	0.00~45.70	311.1	45.70	244.5
二开	45.70~982.16	215.9	982.16	139.7

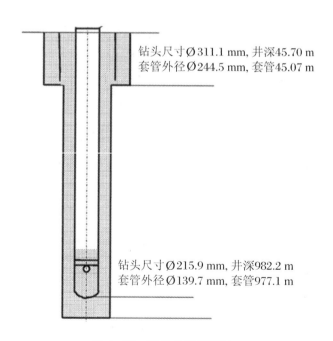

钻头尺寸 Ø 311.1 mm, 井深45.70 m
套管外径 Ø 244.5 mm, 套管45.07 m

钻头尺寸 Ø 215.9 mm, 井深982.2 m
套管外径 Ø 139.7 mm, 套管977.1 m

图6-35 直井井身结构图

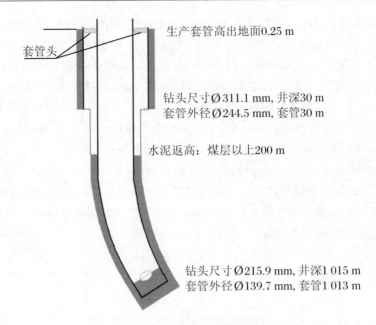

套管头

生产套管高出地面0.25 m

钻头尺寸 Ø311.1 mm, 井深30 m
套管外径 Ø244.5 mm, 套管30 m

水泥返高：煤层以上200 m

钻头尺寸 Ø215.9 mm, 井深1 015 m
套管外径 Ø139.7 mm, 套管1 013 m

图 6-36   定向斜井井身结构图

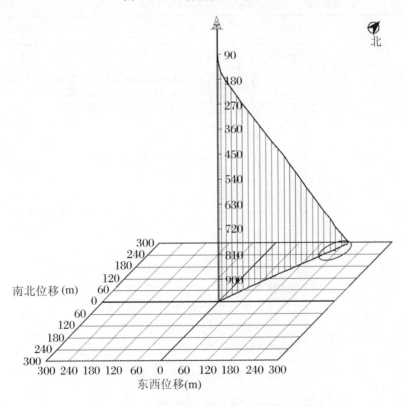

图 6-37   定向斜井典型立体空间轨迹示意图

6.5.3.3 合层排采工艺与效果

林华井田煤系气丛式各井的井深为800～1 200 m,排采地面设备采用常规游梁式抽油机和管式泵系统。井下管柱与杆柱组合自下而上为:丝堵＋复合式筛管＋Ø73 mm平式油管＋压力计托筒＋Ø38 mm管式泵＋Ø73 mm平式油管＋8×10油管变扣＋悬挂器＋油补距。井下杆柱系统自下而上为:Ø38 mm活塞＋拉杆＋变扣＋Ø25 mm抽油杆＋变扣＋Ø19 mm抽油杆＋变扣＋Ø22 mm抽油杆＋调整短节＋变扣＋Ø28 mm光杆＋油补距。直井的井下设备组合方式与斜井相似。

煤层气井排采工作制度主要分为定产制度、定井口压力(套管压力)制度、定井底压差制度。煤层气井排采过程大体可分为试抽、稳定产水、临界产气、控压产水、控压产气5个阶段,对应于每个阶段的特征,排采制度需要动态变更。试抽阶段,以最小工作制度启动,了解掌握煤层的供水能力;稳定产水期间,逐渐增加排采强度,控制流压下降速度,坚持连续稳定排水;排采接近临界解析深度时,适当放慢降液速度,控制套压,使储层压力匀速缓慢下降;控压产气阶段,应分阶段逐级平稳提高产气量,在稳定套压和流压的条件下,合理确定提产幅度。

而对多个压裂的组段,且每个组段均有多个目的层位时,其排采制度与常规排采制度有所不同。气井的排采控制一般以"连续、平稳、缓慢、稳定"为原则[145]。在排采控制上,排采参数的调整必须考虑各压裂煤层临储比、产水量等因素的差异[146]。因此,避免储层永久性伤害,减弱不同压裂段的层间干扰,快速形成井间协同降压条件是排采过程控制的关键。由于各产层临界解吸压力的不同,需要根据周边钻孔、参数井、开发井的资料,分析多产层的临界解吸压力,进而进行精细排采控制。在排采的过程中,井底流压会随着排采时间的增加而逐渐下降,为利于各煤层的排水降压和压降漏斗半径的扩展,必须控制压降速率避免其下降过快。尽量以缓慢的降压方式防止煤储层伤害,扩大各产层的产水时间及解吸漏斗半径。在约7个月的产气时间内,林华3口煤层气井累计产气25 475.81 m³,产水1288.75 m³(表6-17)。其中,X4-0井累计产气量12 156 m³,累计产水量328.46 m³,平均日产气量57.82 m³,平均日产水量1.56 m³;X4-1井累计产气量14 481 m³,累计产水量644.48 m³,平均日产气量70.92 m³,平均日产水量3.16 m³;X4-2井累计产气量13 175 m³,累计产水量315.81 m³,平均日产气量61.18 m³,平均日产水量1.47 m³。

表6-17 林华井田煤层气井排采生产数据表

井号	累计产水量(m³)	累计产气量(m³)	累计生产(天)	平均日产水量(m³)	平均日产气量(m³)	压裂段压入液量(m³)	放溢流量(m³)
X4-0	328.46	12 156	210.24	1.56	57.82	1 277.0	219.0
X4-1	644.48	14 481	204.18	3.16	70.92	1 357.4	447.2
X4-2	315.81	13175	215.36	1.47	61.18	1 348.3	228.8
合计	1 288.75	25 475.81	629.78	6.19	189.92	3 982.7	895.0

参 考 文 献

［1］ 秦勇,熊孟辉,易同生,等.论多层叠置独立含煤层气系统:以贵州织金—纳雍煤田水公河向斜为例［J］.地质论评,2008,54(1):65-70.

［2］ 杨兆彪.多煤层叠置条件下的煤层气成藏作用［D］.徐州:中国矿业大学,2011.

［3］ 杨兆彪,秦勇,高弟.黔西比德—三塘盆地煤层群发育特征及其控气特殊性［J］.煤炭学报,2011,36(4):593-597.

［4］ SCOTT S,ANDERSON B,CROSDALE P,et al. Coal petrology and coal seam gas contents of the Walloon Subgroup-Surat Basin,Queensland,Australia［J］. International Journal of Coal Geology,2007,70(1-3):209-222.

［5］ PASHIN J C. Variable gas saturation in coalbed methane reservoirs of the Black Warrior Basin:Implications for exploration and production［J］. International Journal of Coal Geology,2010,82(3/4):135-146.

［6］ MILICI R C,HATCH J R,PAWLEWICZ M J. Coalbed methane resources of the Appalachian Basin,eastern USA［J］. International Journal of Coal Geology,2010,82(3):160-174.

［7］ 赵黔荣.贵州西部煤层气开发前景分析［J］.贵州地质,2001,18(1):53-59.

［8］ 孟宪武,刘诗荣,石国山,等.滇东黔西地区煤层气开发试验及储层改造效果分析与建议［J］.中国煤层气,2006,3(4):31-34.

［9］ 许国明,王国司,孟宪武.云贵地区晚二叠世煤层气资源及勘探选区评价［J］.中国煤层气,2005,2(1):24-28.

［10］ 陈捷,易同生,金军.黔西松河井田煤层群合层分段压裂影响因素及参数优化［J］.煤田地质与勘探,2018,46(5):156-161.

［11］ 秦勇,吴建光,申建,等.煤系气合采地质技术前缘性探索［J］.煤炭学报,2018,43(6):1504-1516.

［12］ 吴财芳,刘小磊,张莎莎.滇东黔西多煤层地区煤层气"层次递阶"地质选区指标体系构建［J］.煤炭学报,2018,43(6):1647-1653.

［13］ 易同生,周效志,金军.黔西松河井田龙潭煤系煤层气:致密气成藏特征及共探共采技术［J］.煤炭学报,2016,41(1):212-220.

［14］ 赵霞,桑树勋,金军,等.黔西松河井田煤层群含气性及其开发意义［J］.中国煤层气,2016(5):8-11.

[15] 易同生,周效志,金军.黔西松河井田龙潭煤系煤层气:致密气成藏特征及共探共采技术[J].煤炭学报,2016,41(1):212-220.

[16] JIA J,CAO L,SANG S,et al. A case study on the effective stimulation techniques practiced in the superposed gas reservoirs of coal-bearing series with multiple thin coal seams in Guizhou,China [J].Journal of Petroleum Science and Engineering,2016,146:489-504.

[17] 贵州省煤田地质局.贵州省晚二叠世沉积环境及聚煤规律研究[R].北京:中国矿业大学,2010.

[18] 陈贞龙,汤达祯,许浩,等.黔西滇东地区煤层气储层孔隙系统与可采性[J].煤炭学报,2010,35(S1):158-163.

[19] 易同生,张井,李新民.六盘水煤田盘关向斜煤层气开发地质评价[J].天然气工业,2007,27(5):29-31.

[20] PAL P K,PAUL S,CHATTERJEE R.Estimation of in-situ stress and coal bed methane potential of coal seams from analysis of well logs,ground mapping and laboratory data in central part of Jharia Coalfield:An overview [M].Petroleum Geosciences:Indian Contexts.Springer.2015:143-173.

[21] LJUNGGREN C,CHANG Y,JANSON T,et al. An overview of rock stress measurement methods [J].Int J Rock Mech Min Sci,2003,40(7):975-989.

[22] KANG H,ZHANG X,SI L,et al. In-situ stress measurements and stress distribution characteristics in underground coal mines in China [J].Engineering Geology,2010,116(3):333-345.

[23] 尤明庆.水压致裂法测量地应力方法的研究[J].岩土工程学报,2005,27(3):350-353.

[24] JU W,YANG Z,QIN Y,et al.Characteristics of in-situ stress state and prediction of the permeability in the Upper Permian coalbed methane reservoir,western Guizhou region,SW China [J].Journal of Petroleum Science and Engineering,2018,165:199-211.

[25] BROWN E T,HOEK E.Trends in relationships between measured in-situ stresses and depth [J].International Journal of Rock Mechanics and Mining Sciences & Geomechanics Abstracts,1978,15(4):211-215.

[26] 康红普,姜铁明,张晓,等.晋城矿区地应力场研究及应用[J].岩石力学与工程学报,2009,28(1):1-8.

[27] 徐志纬,马安.天生桥二级水电站地应力测试及分析[J].贵州地质,1992,9(1):87-93.

[28] 姜永东,周维新,梅世兴,等.比德煤矿地应力场测试及分布规律[J].矿业安全与环保,2011,38(1):1-3.

[29] ANDERSON E M. The dynamics of faulting and dyke formation with application to britain [M]. London:Oliver and Boyd,1951.

[30] 于双忠,彭向峰,李文平.煤矿工程地质学 [M].北京:煤炭工业出版社,1994.

[31] 高振鲲.贵州高原现今应力场数值模拟及其工程地质意义 [D].贵阳:贵州大学,2008.

[32] 乐光禹,张时俊,杨武年.贵州中西部的构造格局与构造应力场 [J].地质科学,1994,29(1):10-18.

[33] 谢富仁,崔效锋,赵建涛,等.中国大陆及邻区现代构造应力场分区 [J].地球物理学报,2004,47(4):654-662.

[34] 桂宝林.黔西滇东煤层气地质与勘探 [M].昆明:云南科技出版社,2000.

[35] 孟召平,田永东,李国富.沁水盆地南部煤储层渗透性与地应力之间关系和控制机理 [J].自然科学进展,2009,19(10):1142-1148.

[36] CHEN S,TANG D,TAO S,et al. In-situ stress,stress-dependent permeability,pore pressure and gas-bearing system in multiple coal seams in the Panguan area,western Guizhou,China [J].Journal of Natural Gas Science and Engineering,2018,49:110-122.

[37] 顾成亮.滇东、黔西地区煤层气地质特征及远景评价 [J].新疆石油地质,2002,23(2):106-110.

[38] 桂宝林.煤层气勘探目标评价方法:以滇东黔西地区为例 [J].天然气工业,2004,24(5):33-35.

[39] 余开富,杨宏.黔西地区上二叠统煤层气储集条件研究 [J].贵州地质,1993,10(1):35-44.

[40] 赵庆波,刘兵,姚超.世界煤层气工业发展现状 [M].北京:地质出版社,1998.

[41] 赵黔荣.六盘水煤层气选区评价参数及勘探开发模式 [J].贵州地质,2000,17(4):226-235.

[42] MOHIUDDIN M A,KHAN K,ABDULRAHEEM A,et al. Analysis of wellbore instability in vertical,directional,and horizontal wells using field data [J].Journal of Petroleum Science and Engineering,2007,55(1-2):83-92.

[43] LI S,PURDY C C. Maximum Horizontal Stress and Wellbore Stability while drilling:modeling and case study [C]. Proceedings of the SPE Latin American and Caribbean Petroleum Engineering Conference,Lima,Peru,Society of Petroleum Engineers,2010 of Conference.

[44] 何继善,吕绍林.瓦斯突出地球物理研究 [M].北京:煤炭工业出版社,1999.

[45] GENTZIS T,DEISMAN N,CHALATURNYK R J. Effect of drilling fluids on coal permeability:impact on horizontal wellbore stability [J]. International Journal of Coal Geology,2009,78(3):177-191.

[46] 汤友谊,张国成,孙四清.不同煤体结构煤的 f 值分布特征 [J].焦作工学院学报(自然科学版),2004,23(2):81-84.

[47] 邬云龙,王旭,韩永辉,等.六盘水煤层气勘探开发前景分析 [J].天然气工业,2003,23(3):4-7,11-12.

[48] 迟景砚,王喜恩,漆尔清,等.矿区水文地质工程地质勘探规范[S].国家矿产储量管理局,湖北省储委办公室,湖南省储委办公室,吉林省储委办公室,四川省储委办公室,1991.

[49] 李正根.水文地质学 [M].北京:地质出版社,1980.

[50] 王玺.煤层气井完井及保护煤层技术初探 [J].中国煤层气,1995(1):61-63.

[51] 苏现波.煤中裂隙:裸眼洞穴法完井的前提 [J].焦作工学院学报,1998,17(3):163-168.

[52] SHI J Q,DURUCAN S,SINKA I C.Key parameters controlling coalbed methane cavity well performance [J].International Journal of Coal Geology,2002,49(1):19-31.

[53] 李根生,黄中伟,李敬彬.水力喷射径向水平井钻井关键技术研究 [J].石油钻探技术,2017,45(2):1-9.

[54] 鲜保安,夏柏如,张义,等.开发低煤阶煤层气的新型径向水平井技术 [J].煤田地质与勘探,2010,38(4):25-29.

[55] 张义,鲜保安,孙粉锦,等.煤层气低产井低产原因及增产改造技术 [J].天然气工业,2010,30(6):55-59,128.

[56] 李安启,姜海,陈彩虹.我国煤层气井水力压裂的实践及煤层裂缝模型选择分析 [J].天然气工业,2004,24(5):91-94.

[57] 傅雪海,韦重韬.煤层气地质学 [M].徐州:中国矿业大学出版社,2007.

[58] 陈树杰,赵薇,刘依强,等.国外连续油管技术最新研究进展 [J].国外油田工程,2010,26(11):44-50.

[59] YANG R,HUANG Z,LI G,et al.Slotted liner sheathing coiled tubing-a new concept for multilateral jetting in coalbed methane wells and laboratory tests of tubular friction performance [J].Journal of Natural Gas Science and Engineering,2015,26:1332-1343.

[60] RODVELT G,TOOTHMAN R,WILLIS S,et al.Multiseam coal stimulation using Coiled-Tubing fracturing and a unique bottomhole packer assembly [C].SPE Eastern Regional Meeting,Canton,Ohio,2001 of Conference.

[61] MOON R G,OVITZ R W,GUILD G J,et al.Shallow gas well drilling with coiled tubing in the San Juan basin [C].Proceedings of the SPE Annual Technical Conference and Exhibition,Denver,Colorado,1996 of Conference.

[62] 林英松,蒋金宝,刘兆年,等.连续油管压裂新技术 [J].断块油气田,2008,15(2):

118 - 121.

[63] 王一兵,田文广,李五忠,等.中国煤层气选区评价标准探讨[J].地质通报,2006,25(9/10):1104 - 1107.

[64] 梁卫国,张倍宁,黎力,等.注能(以 CO_2 为例)改性驱替开采 CH_4 理论与实验研究[J].煤炭学报,2018,43(10):2839 - 2847.

[65] BUSCH A,GENSTERBLUM Y.CBM and CO_2 - ECBM related sorption processes in coal:A review[J].International Journal of Coal Geology,2011,87(2):49 - 71.

[66] MUKHERJEE M,MISRA S.A review of experimental research on enhanced coal bed methane (ECBM) recovery via CO_2 sequestration[J].Earth-Sci Rev,2018,179:392 - 410.

[67] OUDINOT A Y,RIESTENBERG D E,KOPERNA G J.Enhanced gas recovery and CO_2 storage in coal bed methane reservoirs with N_2 co-injection[J].Energy Procedia,2017,114:5356 - 5376.

[68] HUO P,ZHANG D,YANG Z,et al. CO_2 geological sequestration:displacement behavior of shale gas methane by carbon dioxide injection[J].International Journal of Greenhouse Gas Control,2017,66(Supplement C):48 - 59.

[69] AMINU M D,NABAVI S A,Rochelle C A,et al.A review of developments in carbon dioxide storage[J].ApEn,2017,208:1389 - 1419.

[70] LI X,FANG Z M.Current status and technical challenges of CO_2 storage in coal seams and enhanced coalbed methane recovery:an overview[J].International Journal of Coal Science & Technology,2014,1(1):93 - 102.

[71] KIM Y,JANG H,KIM J,et al.Prediction of storage efficiency on CO_2 sequestration in deep saline aquifers using artificial neural network[J].ApEn,2017,185(1):916 - 928.

[72] YANG R T,SAUNDERS J T.Adsorption of gases on coals and heattreated coals at elevated temperature and pressure:1.Adsorption from hydrogen and methane as single gases[J].Fuel,1985,64(5):616 - 620.

[73] PASHIN J C.Geological survey of Alabama.Energy and coastal geology division.Regional analysis of the black Creek:Cobb coalbed-methane target interval,black warrior basin,Alabama[M].Tuscaloosa,Ala.:Geological Survey of Alabama,1991.

[74] SCOTT A R,KAISER W,AYERS JR W B.Thermogenic and secondary biogenic gases,San Juan basin,Colorado and New Mexico-implications for coalbed gas producibility[J].AAPG bulletin,1994,78(8):1186 - 1209.

[75] AYERS W B,KAISER W R.New Mexico,bureau of mines and mineral resources,et al.Coalbed methane in the upper cretaceous fruitland formation,San

Juan basin, New Mexico and Colorado [M]. Socorro: New Mexico Bureau of Mines and Mineral Resources, 1994.

[76]　KROOSS B M, VAN BERGEN F, GENSTERBLUM Y, et al. High-pressure methane and carbon dioxide adsorption on dry and moisture-equilibrated Pennsylvanian coals [J]. International Journal of Coal Geology, 2002, 51(2): 69 - 92.

[77]　MASSAROTTO P, GOLDING S D, BAE J S, et al. Changes in reservoir properties from injection of supercritical CO_2 into coal seams: a laboratory study [J]. International Journal of Coal Geology, 2010, 82(3): 269 - 279.

[78]　杨兆彪, 秦勇, 陈世悦, 等. 多煤层储层能量垂向分布特征及控制机理 [J]. 地质学报, 2013, 87(1): 139 - 144.

[79]　沈玉林, 秦勇, 郭英海, 等. "多层叠置独立含煤层气系统" 形成的沉积控制因素 [J]. 地球科学, 2012, 37(3): 573 - 579.

[80]　徐宏杰, 桑树勋, 易同生, 等. 黔西地应力场特征及构造成因 [J]. 中南大学学报自然科学版, 2014, 45(6): 1960 - 1966.

[81]　姜波, 秦勇, 琚宜文, 等. 煤层气成藏的构造应力场研究 [J]. 中国矿业大学学报自然科学版, 2005, 34(5): 564 - 569.

[82]　李辛子, 王赛英, 吴群. 论不同构造煤类型煤层气开发 [J]. 地质论评, 2013, 59(5): 919 - 923.

[83]　张小东, 刘浩, 刘炎昊, 等. 煤体结构差异的吸附响应及其控制机理 [J]. 地球科学, 2009, 34(5): 848 - 854.

[84]　YIN T, LI X, XIA K, et al. Effect of thermal treatment on the dynamic fracture toughness of Laurentian granite [J]. Rock mechanics and rock engineering, 2012, 45(6): 1087 - 1094.

[85]　KLEE G, BUNGER A, MEYER G, et al. In situ stresses in borehole blanche-1/south Australia derived from breakouts, core discing and hydraulic fracturing to 2 km depth [J]. Rock mechanics and rock engineering, 2011, 44(5): 531 - 540.

[86]　秦勇, 程爱国. 中国煤层气勘探开发的进展与趋势 [J]. 中国煤田地质, 2007, 19(1): 26 - 29.

[87]　刘钰辉, 李建武, 张培河, 等. 芦岭井田煤层气开发地质条件及开发方式选择 [J]. 煤田地质与勘探, 2013, 41(2): 25 - 28.

[88]　岳前升, 马玄, 陈军, 等. 沁水盆地煤层气水平井井壁垮塌机理及钻井液对策研究 [J]. 长江大学学报自然科学版, 2014, 11(11): 73 - 76.

[89]　张培河, 白建平. 矿区煤层气开发部署方法 [J]. 煤田地质与勘探, 2010, 38(6): 33 - 36.

[90]　张培河, 张明山. 煤层气不同开发方式的应用现状及适应条件分析 [J]. 煤田地质与勘探, 2010, 38(2): 9 - 13.

[91]　吴财芳, 秦勇. 煤储层弹性能及其控藏效应: 以沁水盆地为例 [J]. 地学前缘, 2012,

19(2):248-255.

[92] 秦勇,姜波,王继尧,等.沁水盆地煤层气构造动力条件耦合控藏效应[J].地质学报,2008,82(10):1355-1362.

[93] 吴财芳,秦勇,傅雪海,等.沁水盆地煤储层地层能量演化历史研究[J].天然气地球科学,2007,18(4):557-560.

[94] 吴财芳,秦勇,傅雪海.煤储层弹性能及其对煤层气成藏的控制作用[J].中国科学(D辑),地球科学,2007,37(9):1163-1168.

[95] 王国强,吴建光.沁南潘河煤层气田稳控精细排采技术[J].天然气工业,2011,31(5):31-34.

[96] 陈曦.贵州煤层气[N].贵州政协报,2010-10-20(7).

[97] 黄华州,桑树勋,方良才,等.采动区远程卸压煤层气抽采地面井产能影响因素[J].煤田地质与勘探,2010,38(2):18-22,31.

[98] 陈金华.地面钻井抽采上覆远距离煤层卸压瓦斯的试验研究[J].矿业安全与环保,2010,37(2):23-26.

[99] 袁亮,郭华,沈宝堂,等.低透气性煤层群煤与瓦斯共采中的高位环形裂隙体[J].煤炭学报,2011,36(3):357-365.

[100] 秦勇,叶建平,林大扬,等.煤储层厚度与其渗透性及含气性关系初步探讨[J].煤田地质与勘探,2000,28(1):24-27.

[101] 陈庭根,管志川.钻井工程理论与技术[M].东营:石油大学出版社,2002.

[102] 乔磊,申瑞臣,黄洪春,等.沁水盆地南部低成本煤层气钻井完井技术[J].石油勘探与开发,2008,35(4):482-486.

[103] 李云峰.沁水盆地煤层气钻井工艺方法[J].中国煤田地质,2005,17(6):52-53.

[104] 尹中山,胡勋茂.四川煤层气井施工的问题与对策[J].探矿工程(岩土钻掘工程),2010,37(2):4-8.

[105] 李诚铭.新编石油钻井工程实用技术手册[M].北京:中国知识出版社,2006.

[106] 王福元,刘光领.MH-1水平井钻井工艺技术[J].石油钻采工艺,1994,16(2):30-35.

[107] 苏义脑.水平井井眼轨道控制[M].北京:石油工业出版社,2000.

[108] LIU Y,SHAO S,WANG X,et al. Gas flow analysis for the impact of gob gas ventholes on coalbed methane drainage from a longwall gob [J]. Journal of Natural Gas Science and Engineering,2016,36:1312-1325.

[109] KARACAN C Ö,WARWICK P D. Assessment of coal mine methane(CMM) and abandoned mine methane(AMM) resource potential of longwall mine panels:Example from northern Appalachian Basin,USA [J]. International Journal of Coal Geology,2019,208:37-53.

[110] KARACAN C Ö. Analysis of gob gas venthole production performances for

strata gas control in longwall mining [J]. Int J Rock Mech Min Sci,2015,79:9 −18.

[111] SANG S,XU H,FANG L,et al. Stress relief coalbed methane drainage by surface vertical wells in China [J]. International Journal of Coal Geology,2010, 82(3/4):196−203.

[112] HUANG H,SANG S,MIAO Y,et al. Trends of ionic concentration variations in water coproduced with coalbed methane in the Tiefa Basin [J]. International Journal of Coal Geology,2017,182:32−41.

[113] 煤层气抽采和煤与瓦斯共采关键技术现状与展望 [J].煤炭科学技术,2013,41 (9):6−11.

[114] 钱鸣高,石平五.矿山压力与岩层控制 [M].徐州:中国矿业大学出版社,2003.

[115] 程远平,俞启香,袁亮,等.煤与远程卸压瓦斯安全高效共采试验研究 [J].中国矿业大学学报,2004,33(2):132−136.

[116] 张荣立,何国纬,李铎.采矿工程设计手册 [M].北京:煤炭工业出版社,2003.

[117] 汪理全,李中颃.煤层(群)上行开采技术 [M].北京:煤炭工业出版社,1995.

[118] 黄庆享,蔚保宁,张文忠.浅埋煤层黏土隔水层下行裂隙弥合研究 [J].采矿与安全工程学报,2010,27(1):39−43.

[119] 徐智敏,孙亚军,董青红,等.隔水层采动破坏裂隙的闭合机理研究及工程应用 [J].采矿与安全工程学报,2012,29(5):613−618.

[120] 缪协兴,刘卫群,陈占清.采动岩体渗流理论 [M].北京:科学出版社,2004.

[121] 缪协兴,王安,孙亚军,等.干旱半干旱矿区水资源保护性采煤基础与应用研究 [J].岩石力学与工程学报,2009,28(2):217−227.

[122] 秦勇,熊孟辉,易同生,等.论多层叠置独立含煤层气系统:以贵州织金—纳雍煤田水公河向斜为例 [J].地质论评,2008,54(1):65−70.

[123] 于不凡,王佑安.煤矿瓦斯灾害防治及利用技术手册(修订版) [M].北京:煤炭工业出版社,2005.

[124] 胡湘炯,高德利.油气井工程 [M].北京:中国石化出版社,2003.

[125] 郭志.岩体结构面抗剪特性 [J].湖南冶金,1983(3):17−21.

[126] 谷德振.岩体工程地质力学基础 [M].北京:科学出版社,1979.

[127] 孙万和,郑铁民,李明英.软弱夹层厚度的力学效应 [J].武汉水利电力学院学报,1981(1):33−39.

[128] 孙广忠,周瑞光.岩体变形和破坏的结构效应 [J].地质科学,1980(4):368−376.

[129] JAEGER J C,COOK N G W,ZIMMERMAN R W. Fundamentals of rock mechanics [M]. Malden:Blackwell Pub. ,2007.

[130] 苏仲杰.采动覆岩离层变形机理研究 [D].阜新:辽宁工程技术大学,2002.

[131] 李永树,王金庄.开采沉陷地区地表水平移动机理 [J].煤,1996,5(1):27−29.

[132] WHITTLES D,LOWNDES I,KINGMAN S,et al. The stability of methane capture boreholes around a long wall coal panel [J]. International Journal of Coal Geology,2007,71(2):313-328.

[133] 陈尚斌,朱炎铭,王红岩,等.四川盆地南缘下志留统龙马溪组页岩气储层矿物成分特征及意义 [J].石油学报,2011,32(5):775-782.

[134] 李昂,丁文龙,张国良,等.滇东地区马龙区块筇竹寺组海相页岩储层特征及对比研究 [J].地学前缘,2016,23(2):176-189.

[135] 黄金亮,邹才能,李建忠,等.川南下寒武统筇竹寺组页岩气形成条件及资源潜力 [J].石油勘探与开发,2012,39(1):69-75.

[136] PETERS K E,CASSA M R. Applied source rock geochemistry [J]. Aapg Memoir,1994,60(In:Magoon L B,Dow W G. The Petroleum System-from Source to Trap. American Association of Petroleum Geologists,pp.93-120 Memoir 60.

[137] 汤良杰,郭彤楼,田海芹,等.黔中地区多期构造演化、差异变形与油气保存条件 [J].地质学报,2008,82(3):298-307.

[138] 王中鹏,张金川,孙睿,等.西页1井龙潭组海陆过渡相页岩含气性分析 [J].地学前缘,2015,22(2):243-250.

[139] 易同生,包书景,陈捷,等.黔北煤田林华矿煤系气成藏特征及开发方式 [J].中国煤炭地质,2017,29(9):23-30.

[140] 张雪芬,陆现彩,张林晔,等.页岩气的赋存形式研究及其石油地质意义 [J].地球科学进展,2010,25(6):597-604.

[141] HACKLEY P C,GUEVARA E H,HENTZ T F,et al. Thermal maturity and organic composition of pennsylvanian coals and carbonaceous shales,north-central texas:implications for coalbed gas potential [J]. International Journal of Coal Geology,2009,77(3-4):294-309.

[142] 沈玉林,秦勇,李壮福,等.黔西上二叠统龙潭组菱铁矿层的沉积成因及地质意义 [J].地学前缘,2017,24(6):152-161.

[143] 陈捷,易同生,金军.黔西松河井田煤层群合层分段压裂影响因素及参数优化 [J].煤田地质与勘探,2018,46(5):156-161.

[144] 金军,周效志,易同生,等.气测录井在松河井田煤层气勘探开发中的应用 [J].特种油气藏,2014,21(4):22-25.

[145] 胡海洋,白利娜,赵凌云,等.黔西地区龙潭组煤系气共采排采控制研究 [J].煤矿安全,2019,50(1):175-178.

[146] 易同生,高为.六盘水煤田上二叠统煤系气成藏特征及共探共采方向 [J].煤炭学报,2018,43(6):1553-1564.